탄성론 입문

Introduction to Theory of Elasticity

최덕기 지음

學山 도서출판 학산미디어

머리말

이 책은 탄성론에 대한 입문서이다. 탄성론이 영향을 미치는 범위는 기계, 토목, 건축, 항공우주, 조선, 지질학 등을 아우르는 다양한 학제이므로 독자들이 속해있는 전공분야와 각자의 학문적인 배경이 다양할 것으로 예상되나 탄성론에서 가장 핵심적인 부분에 대해서는 양보하지 않고 충실한 내용을 전달하기 위해서 노력하였다.

자그마한 나사못으로부터 자동차, 선박, 항공기의 설계 그리고 거대 교량이나 구조물은 물론 지진에 대한 연구에 이르기까지 탄성론은 이러한 핵심적인 사항에 대한 기초와 출발점이 된다. 또한 탄성론은 크게 보아서 재료역학의 모체가 되는 학문이라고 말할 수 있다. 탄성론에 관심을 가지고 입문하고자 하는 사람들은 대부분 학부과정에서 재료역학(고체역학)을 배웠을 것이라 생각한다. 외부의 힘으로 인한 물체의 응력과 변형과의 관계를 이해하는 것이 재료역학과 탄성론의 공통점이며, 탄성론의 주요한 목적은 주어진 외력에 대한 물체의 응력과 변형 등을 알아보는 것이다. 이를 위해서 필요한 역학적 가정 및 경계조건들과 방정식을 사용하게 된다.

재료역학의 관점과 해석방법이 나무를 보는 것이었다면 탄성론의 그것은 숲을 보면서 나무를 동시에 보는 것이라고 말할 수 있다. 그러므로 탄성론을 학습하게 되면 다양한 문제를 다룸에 있어서 일관성 있고 체계적인 해결 방법을 배우게 되는 유익이 있다. 탄성론 입문에서는 탄성한계 내에서 일어나는 현상, 즉, 선형탄성이론(theory of linear elasticity)에 집중하기로 한다. 따라서 탄성 동역학(elastodynamics), 소성 이론(plasticity), 점탄성 이론(viscoelasticity), 유한변형 이론(finite deformation theory)등은 다루지 않을 것인데 이러한 주제들은 각각 하나의 학문 단위를 이룰 만큼 방대하기 때문이다.

학문의 관점에서 선진국과 비교하여 볼 때 많은 부분이 부족하고 특별히 전문가의 층이 얕다는 것이 우리나라의 산업과 과학계에 있어서의 큰 문제이며 우리나라에서는 대학원 과정에서도 탄성론 자체를 깊이 있게 다룰 수 있는 여건이 잘 안 되는 것도 사실이다. 탄성론을 제대로 이해하기 위해서는 고등 수학, 미적분, 복소수 이론, Fourier 변환, 벡터와 텐서 등에 대한 탄탄한 수학적 배경과 더불어 재료역학과 연속체 역학에 대한 지식이 요구된다. 그러나 대학원에서 조차도 이러한 학문적 과정을 체계적으로 밟아온 공학도를 찾아보기가 쉽지는 않다. 저자의 소견으로는 탄성론에 입문하는데 있어서 텐서가 반드시 필요하다고 생각하지는 않지만 보다 깊은 내용을 이해하고 새로운 적용 사례를 찾아보기 위해서는 텐서에 대한 지식은 매우 중요한 학문적인 배경이 된다. 그러므로 본 책에서는 먼저 기본적인 좌표체계를 도입하여 탄성론의 핵심적인 내용을 기술하였으며, 관심 있는 독자들은 11장 이후의 텐서해석 기법을 적용한 내용을 추가로 학습할 것을 권하고 싶다.

유의할 점

탄성론은 오랜 시간에 걸쳐서 많은 학자들에 의해서 정리되어 온 학문이기에 다양한 내용의 관점에서의 내용들이 반영되어있다. 그러므로 같은 내용을 언급하는 경우에도 다른 양식의 표기나 서술 방법이 있게 된다. 예를 들어 응력을 표시하는데도 σ_x, σ_{xx}, σ_{11} 등의 다양한 기법들이 사용된다. 여기서 x 등의 첨자로 표시된 것은 가장 널리 사용되는 직교좌표에서의 정의된 응력을 나타낸 것이고 숫자로 표시된 것은 텐서해석을 염두에 둔 표기이다. 또한 변형률을 정의하는데도 약간의 차이점이 존재한다. 그러므로 처음 시작하는 사람의 입장에서는 이러한 표기상의 불일치에 다소 혼란스러울 수도 있으나 이 책에서는 이러한 어려움을 최소화 하도록 노력하였다.

이 책의 구성

이 책의 구성은 다음과 같다. 1장에서는 탄성론의 개요를 소개하고 해석방법에 있어서의 재료역학과의 차이점에 대해서 설명하고 있다. 2장에서는 탄성이론을 설명하는데 있어서 필수적인 벡터연산에 대한 내용을 제시하고 있다. 벡터연산에 대한 기본적인 지식이 있는 경우에는 생략해도 될 것으로 본다. 3장에서는 응력에 대한 정의와 주응력 그리고 변환을 설명하고, 미소크기의 응력요소를 상정하여 힘의 평형을 적용한 평형방정식을 유도하는 과정이 담겨있다. 4장에서는 변형으로 인한 질점의 변위와 변형률의 개념, 그리고 변위와 변형률의 관계식을 소개하고 있다. 5장에서는 응력-변형률 관계식 또는 재료의 구성방정식을 설명하고 있다.

6장에서는 2차원 공간에서의 탄성방정식을 유도하는 과정을 보여주고 있다. 특별히 1-5장에서 소개한 방정식들을 조합하여 실제 해석에 쓰이는 탄성방정식을 구성하는 중요한 내용을 담고 있다. 7장에서는 앞에서 소개한 다양한 방정식들을 극좌표로 표시하는 내용이 제시된다. 8장에서는 탄성방정식을 사용하여 다양한 문제를 실제적으로 해석하는 방법에 대해서 설명하고 있다. 9장에서는 탄성방정식의 해를 구하는데 있어서 응력함수를 도입하여 풀이하는 과정을 설명하고 있다. 10장에서는 비틀림 문제에 대한 방정식의 해를 응력함수를 사용하여 구하는 방법에 대해서 이야기 하고 있다. 마지막으로 11장에서는 텐서를 도입하여 일반적인 3차원 탄성

방정식을 구성하고 확립하는 과정을 설명하고 있다.

이 책의 특징

이 책의 특징은 다음과 같다.

- 모든 내용은 학부 고학년 또는 대학원 초년 과정의 이공학도들에게 초점을 맞추어 기술하였다.
- 학부에서 배운 재료역학의 배경지식을 가지고 탄성론의 기초이론에 접근할 수 있도록 노력하였다.
- 탄성론의 입문서임을 감안하여 쉬운 내용부터 점진적으로 진행하여 기본적인 이론을 접할 수 있도록 노력하였다.
- 텐서해석에 관한 지식이 없는 경우에도 핵심적인 탄성론의 내용을 이해할 수 있도록 노력하였다.

촉박한 기일에도 좋은 책으로 만들어 준 학산 미디어 관계자들에게 감사드린다. 또한, 집필하는 동안 한결 같은 격려와 도움을 주었던 가족들에게 깊은 고마움을 표한다. 끝으로 독자들이 이 책을 통해서 흥미로운 탄성론의 이론에 접할 수 있는 자신감이 생겼다면 저자로서 이보다 기쁜 일은 없을 것이다.

2017년 죽전에서
저자

차 례

제1장 탄성론이란?

1. 재료역학적 해석 방법
2. Saint-Venant 원리
3. 탄성론과 탄성방정식

1.1 탄성론과 재료역학

탄성론의 기본 목적은 탄성물체에 힘을 가했을 때 어떠한 변형이 생기며, 그것으로 인해서 물체 내부에 힘이 어떤 형태로 분포되는 가를 알고자 하는 것이다. 또는, 반대로 물체에 변형을 일으켰을 때 물체 내부에 힘이 분포되는 내용을 알아내는 것이다. 그런 면에서 재료역학 또는 고체역학은 제한된 대상과 조건에 있어서는 효율적인 해석방법을 제시하고 있으나 본질적으로 체계적인 이론이라고는 말할 수는 없다. 반면에 탄성론은 문제의 성립과 해석방법에 대하여 일관적이며 체계적인 방법을 제시해주고 있다. 이번 장에서는 탄성론과 재료역학의 차이점과 탄성론의 대략적인 개요에 대해서 설명하기로 한다.

재료역학의 한계

그림 1.1에서 보는 바와 같이 길이가 L, 단면적이 A인 막대의 한쪽 끝이 벽에 고정되어 있고 다른 한 쪽 끝에는 길이 방향으로 인장력 F가 작용하고 있다. 막대의 탄성계수는 E 이다. 막대의 길이 방향으로의 변위 u를 구하기 위해서 먼저, 막대 내의 임의의 한 점에서 변위 u와 변형률 ε의 관계식을 다음과 같이 규정한다.

$$\varepsilon = \frac{u}{L} \tag{1.1}$$

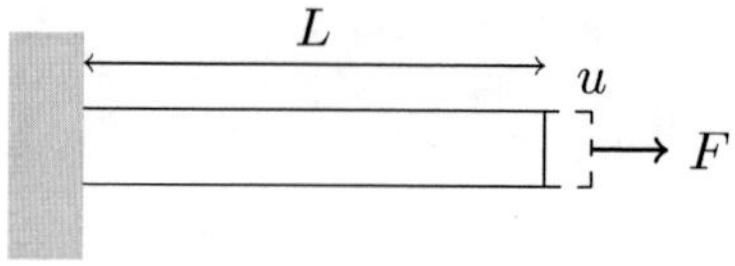

그림 1.1: 인장을 받고 있는 막대

한편, 변형률 ε 과 응력 σ의 관계는 Hooke 법칙에 의하여 다음과 같이 주어진다.

$$\varepsilon = \frac{\sigma}{E} \tag{1.2}$$

식(1.1)과 식(1.2)를 변형률 ε 에 대하여 같게 놓으면

$$\frac{u}{L} = \frac{\sigma}{E}$$

따라서 힘과 변위와의 관계식은 다음과 같이 주어진다.

$$u = \frac{\sigma L}{E} = \frac{FL}{AE}$$

여기서 응력은 힘과 면적의 비로서 다음과 같이 정의된다.

$$\sigma = \frac{F}{A}$$

위의 모든 결과는 평균적인 관점에서 계산된 것이다. 만일 물체 내부의 다른 지점에서 같은 방식으로 계산하였다면 변위나 응력이 다르게 나와야 되는데 재료역학적인 해석에서는 어느 점을 택하나 결과는 동일하게 된다. 예를 들어, 힘이 작용하고 있는 지점에서와 그곳에서 멀리 떨어진 곳에서의 응력은 분명히 다를 것이다. 그러나 재료역학적 방법으로는 그러한 구분을 해낼 수 없다. 그러므로 재료역학적 해석은 뛰어난 효율성에도 불구하고 응력이나 기타 다른 성분에 대한 상세한 정보를 주지 못한다는 한계에 도달한다. 만일, 평균적인 개념이 아니라 국소적인 설계가 필요하다면, 예를 들어, 볼트 구멍이나 균열 등의 물체 내에서의 예외 사항들이 존재할 경우에는 재료역학적 방법으로는 정밀한 응력해석이 불가능하다.

Saint-Venant 원리

재료역학에서는 외부에서 가해지는 힘에 대한 응력을 계산하기 위해서 균일한 조건이 물체 전체에서 적용된다고 가정하였다. 그러므로 재료역학에서 얻은 응력은 지역별 부분별로 정의된 국소적인 것이 아니라 전체 영역에서의 평균적인 개념을 가지고 있다. Saint-Venant는 물체에 가해지는 힘의 전체 크기가 같다면 다른 형태의 힘이 작용하더라도 작용하는 곳에서 충분히 거리가 떨어진 곳에서의 응력상태의 차이는 무시할 수 있다는 가정을 증명하였으며 이를 Saint-Venant의 원리라고 한다. 그러므로 이 원리가 성립되는 한에 있어서는 다양한 하중이 작용하고 있는 문제를 다룸에 있어서 보다 간편한 해석도구를 제공하고 있다.

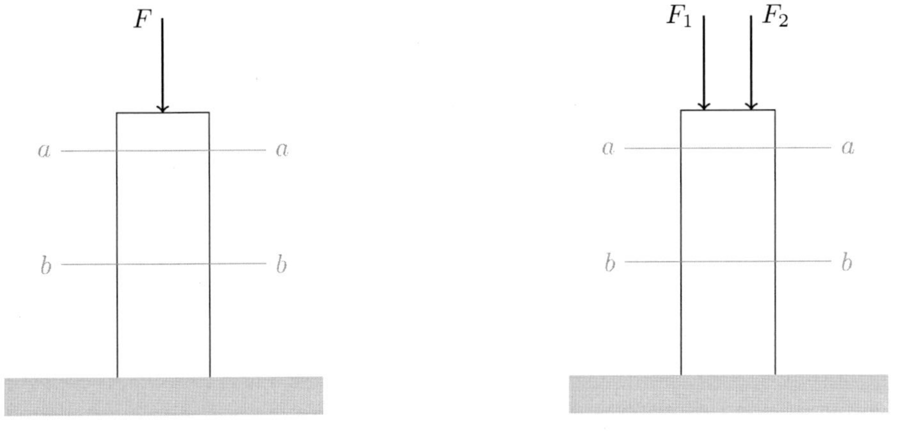

그림 1.2: Saint-Venant의 원리를 설명하는 그림

그림 1.2에서 왼쪽 그림과 같이 한쪽 끝만 바닥에 고정된 막대에 압축력이 작용하고 있는 경우를 생각해보자. 막대에서 힘이 작용하고 있는 근처(a-a)에서와 조금 떨어진 지점(b-b)에서는 상당히 다른 응력의 양상을 보이게 될 것이다. 그러므로 막대에 작용하는 응력을 계산하기 위해서는 막대의 모든 영역에서 상세한 힘의 분포를 알아야만 한다는 어려움이 있다. 그림 1.2의 오른쪽 그림에서는 크기가 동일한 두 개의 힘 F_1과 F_2가 작용하고 있으며 그 합력은 왼쪽 그림에서 작용하고 있는 힘과 같다고 가정한다, 즉, $F = F_1 + F_2$. 재료역학에서는 그림 1.2의 왼쪽과 오른쪽의 경우가 동일하다고 가정하였는데 그 이유는 가해지고 있는 힘의 합력이 같기 때문이다. 그러나 현실적으로는 두 개의 힘이 작용하고 있는 근처에서의 힘의 분포는 당연히 하나의 힘이 작용하고 있을 때와 다르게 된다. 그러므로 상황에 대한

모든 지점에서의 응력을 계산하기 위해서는 더 복잡해진 힘의 분포를 알아야 한다. 만일 모든 힘의 조건마다, 모든 관심 있는 지점에서, 힘의 분포가 달라지는 것을 반영한 응력을 계산해야 한다면 실제 물체를 설계하는데 많은 시간과 노력이 소요될 것이다.

Saint-Venant의 원리는 힘이 작용하고 있는 곳에서 충분히 떨어진 거리에서는 외부 조건의 종류와 관계없이 동일한 힘의 분포를 가정해도 큰 오차가 없다는 내용을 확증해주고 있다. 그러므로 그림 1.2에서 힘이 작용하고 있는 지점에서 충분히 떨어진 거리($b-b$)에서의 응력은 평균적인 해석으로 계산해도 합당하다고 본다. 그러므로 재료역학에서는 응력을 구하기 위해서 힘의 합력이 동일하다면 두 가지 경우에 있어서 평균응력은 같다는 가정을 사용하였으며 이로 인해서 설계 시에 큰 편리함이 제공될 수 있었다. 또한, 이 원리를 응용하면 중첩의 법칙도 성립될 수 있다. 예를 들어, 복잡한 형태의 힘이 작용하고 있는 문제에서 해석적인 방법으로는 직접적으로 해를 구하기가 불가능하나, 보다 간단한 문제로 나누어 해를 구한 후에 다시 중첩하면 원래 문제의 답으로 생각할 수 있다. 물론, 이러한 중첩의 법칙이 유효하기 위해서는 변형이 충분하게 작아야 한다는 등의 제한사항이 있는 것도 사실이나, 일반적인 탄성문제를 해석하기 위한 중요한 해석방법이 된다.

1.2 탄성론적 해법

탄성론에서 다루는 내용은 기본적으로 물체에 힘이 가해졌을 때의 응력과 변형에 대한 것이며 이는 재료역학에서 학습한 내용과 별로 다를 바가 없다. 그러나 해석방법에 있어서는 많은 차이점이 존재한다. 재료역학에서의 관점이 간략 화된 재료 모델을 사용하여 문제를 해석하는 것이었다면 탄성론에서는 재료 모델이 실제 현상과 근접한 상태를 상정하고 이를 해석하기 위하여 고등 수학을 동원하여 문제의 해를 구하는 방식을 취하게 된다. 그러나 탄성론에서 제공되는 방정식은 해석적인 방법으로는 해를 구하기가 아주 어려우므로 실제로 풀 수 있는 문제는 상대적으로 그리 많지 않다. 그럼에도 불구하고 탄성론에 대한 학습의 당위성이 필요한 것은 실제 문제에 근접한 이론을 사용하여 해를 구하는 과정을 학습함으로써 얻는 유익이 상당하기 때문이다. 최근 컴퓨터의 발달로 인하여 유한요소법(finite element methods) 등의 수치해석 방법들이 날로 인기를 더해가고 있는데도 불구하고 적절한 탄성론에 대한 배경지식이 없다면 컴퓨터 해석에서 나온 결과를 분석하거나 검증하는 것이 불가능하기 때문이다.

재료역학에서는 문제를 봉(bar), 축(shaft), 보(beam), 그리고 기둥(column)의 유형으로 단순화시켜서 해석하였다. 따라서 보다 복잡한 문제, 예를 들어, 물체의 중앙에 있는 구멍 주위의 응력, 또는 두께가 두꺼운 압력용기 내에서의 응력 등을 구하는 것이 불가능하였다. 탄성론에서는 이러한 문제들을 체계적으로 다룰 수 있는 이론적인 지식을 제공해준다.

표 1.1: 탄성론의 기본 요소들

요소	3차원에서의 개수
응력(stress)	6
변형률(strain)	6
변위(displacement)	3
합계	15

탄성방정식

탄성론의 핵심요소는 표 1.1에서 보는 바와 같이 응력(stress), 변형률(strain), 변위(displacement) 등이며 3차원에서는 모두 6+6+3=15개가 된다. 또한 요소들을 연결하는 미분 방정식이 작성되고 적절한 경계조건을 적용하여 해를 구하는 체계적인 과정을 학습하게 된다. 그러나 응력, 변형률, 그리고 변위는 독립적이지 않고 서로 연관되어 있기 때문에 방정식과 경계조건들을 더 복잡하게 만든다.

탄성론 문제를 해석하게 될 때 그림 1.3 에서 보는 바와 같은 순서로 대부분의 과정이 진행된다. 먼저 변위, 변형률, 그리고 응력의 순서로 되거나, 또는 응력, 변형률, 변위의 과정으로 이루어지는데 후자의 경우 변형률과 변위의 관계가 유일하지 않기 때문에 별도의 방정식(적합방정식)이 필요하게 된다.

그림 1.3: 탄성론의 핵심요소: 변위, 변형률, 응력의 관계

탄성론에서 다루는 방정식은 다음과 같다.

- 변형률-변위 관계식 (strain-displacement relation)
- 응력-변형률 관계식(구성 방정식, constitutive equation)
- 평형방정식(equilibrium equation)
- 적합방정식(compatibility equation)

표 1.2에서 보는 바와 같이 탄성론에서 사용되는 가장 기본적이며 중요한 방정식의 개수는 변형률-변위 관계식, 응력-변형률 관계식, 그리고 평형방정식을 모두 포함하여 15개에 달한다. 따라서 이상적으로는 요소들과 관련된 15개의 방정식을 해석하면 해를 얻을 수 있게 된다. 그러나 현실적으로는 미분방정식이 포함된 방정식을 한꺼번에 직접적으로 푸는 것은 불가능한 일이다. 그러므로 주어진 방정식을 적절하게 수정하여 해를 구하기 쉽게 만든 후 해석을 진행하는 것이 일반적이다.

표 1.2: 탄성론의 기본 방정식

방정식	3차원에서의 방정식의 수
변형률-변위 관계식	6
응력-변형률 관계식	6
평형방정식	3
전체 방정식 수	15

탄성방정식의 구성

앞에서 소개한 방정식들은 개수도 많고 복잡하므로 개별 방정식을 직접적으로 풀지 않고 탄성론에서는 방정식들을 결합하여 두 가지 종류의 방정식을 구성하여 해석하게 되는데 하나는 변위기반 방정식(displacement formulation)이며 또 하나는 응력기반 방정식(stress formulation)이다. 그림 1.4에서는 변위기반 방정식의 구성을 보여주고 있다. 이름이 의미하듯이 변위기반 방정식의 최종 해는 변위이다. 변위기반 방정식을 만들기 위해서는 변형률-변위 관계식, 응력-변형률 관계식, 그리고 평형방정식 등 3개의 방정식이 필요하다. 구성된 방정식은 변위의 항으로 표시되어 있으므로 방정식의 해는 변위가 된다. 그림 1.4에서 보는 대로 변위기반 방정식을 유도하는데 있어서는 적합방정식이 직접적으로 사용되지 않음을 유의한다.

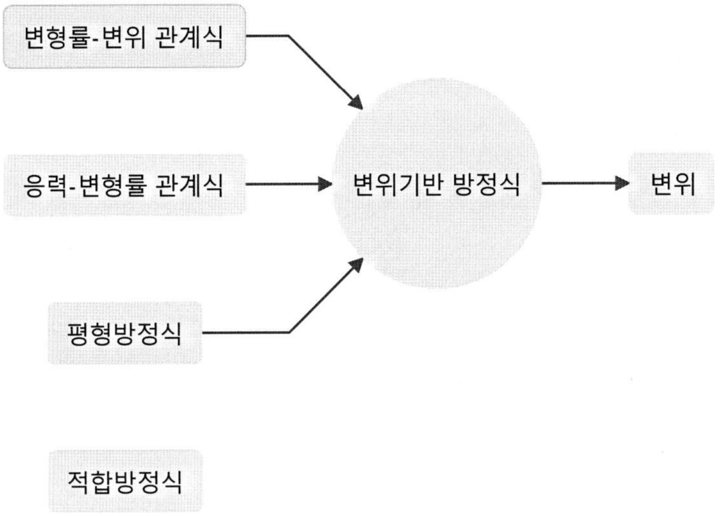

그림 1.4: 변위기반 방정식의 구성: Displacement formulation

한편, 그림1.5에서는 응력기반 방정식의 구성을 설명하고 있으며 응력-변형률 관계식, 평형방정식, 그리고 적합방정식이 사용된다. 여기서 적합방정식은 응력기반 방정식에서 사용되는 보조 방정식이라고 설명할 수 있으며 이에 대해서는 뒤에서 상세하게 설명하기로 한다. 또한, 응력기반 방정식을 유도하는 과정에서는 변형률-변위 관계식이 직접적으로 사용되지 않음을 유의한다.

변위기반 방정식과 응력기반 방정식은 모두 경곗값 문제로서 미분방정식의 형태로 주어지므로 탄성론 해석에서 이에 대한 해법을 학습하는 과정이 중요한 과제로 떠오른다. 즉, 해석을 위한 방식은 크게 두 가지로 나뉘는데 하나는 변위를 방정식의 해로 취급하는 방법과 응력을 최종해로 간주하는 방법이 있다.

경곗값 문제

탄성론을 적용하여 물체에 대한 응력 또는 변형들을 계산한다는 의미는 주어진 경계조건과 미분방정식을 만족시키는 해를 구하는 것이라고 말할 수 있다. 탄성론 방정식의 해는 주로 응력 또는 변위가 되는데 탄성론의 방정식은 기본적으로 경곗값 문제(boundary value problems)가 된다. 다음에는 경곗값 문제에 대한 두 가지의 문제를 풀어볼 것이다. 하나는 막대에서의 온도분포 문제이며, 다른 하나는 보의 처

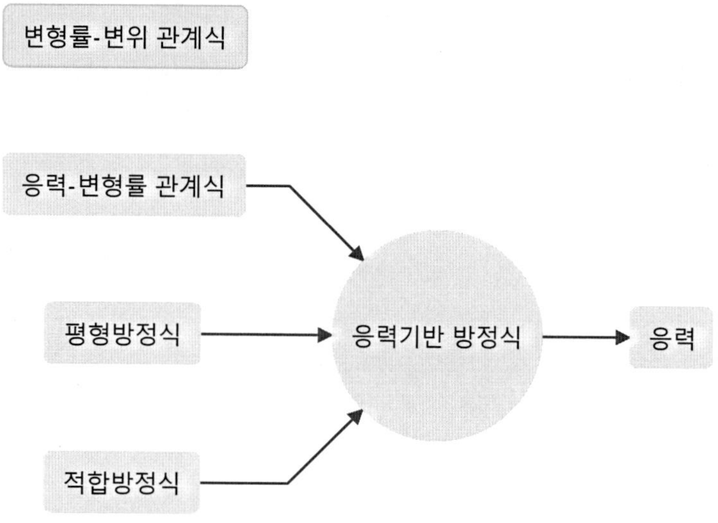

그림 1.5: 응력기반 방정식의 구성: Stress formulation

짐에 관한 문제이다.

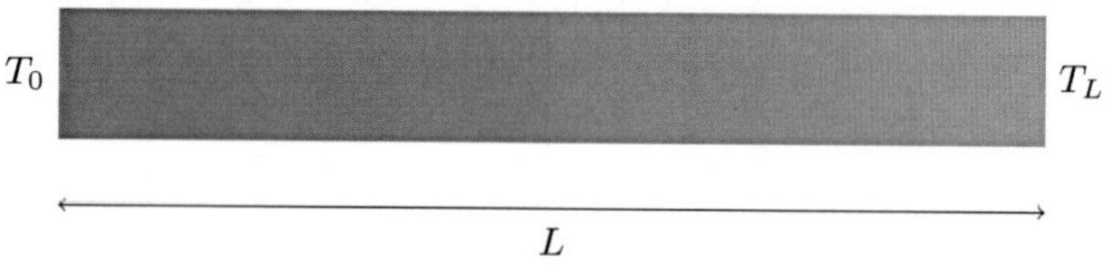

그림 1.6: 막대에서의 온도분포 계산

1차원 온도분포

경곗값 문제의 예로서 그림1.6에서 주어진 길이가 L인 막대에서의 1차원 온도분포 문제를 생각해보기로 한다. 다른 에너지 공급원이 없을 때 막대의 양끝에서의 온도가 다음과 같다고 하면 미분방정식과 경계조건은 다음과 같이 주어진다.

$$\frac{d^2T}{dx^2} = 0, \qquad T(0) = T_0, \qquad T(L) = T_L$$

미분방정식을 두 번 적분하면 다음과 같으며 c_1, c_2는 적분상수이다.

$$T = c_1 x + c_2$$

주어진 경계조건을 적용하여 적분상수의 값을 구하고 문제의 해를 얻게 되며 그림 1.7에서 결과를 나타내었다. 단, $T_0 > T_L$ 로 가정하였다.

$$T = \frac{1}{L}(T_L - T_0)\, x + T_0$$

여기서

$$c_1 = \frac{1}{L}(T_L - T_0), \qquad c_2 = T_0$$

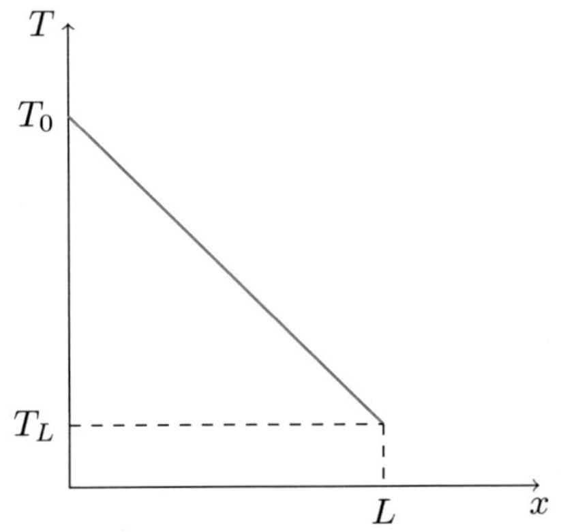

그림 1.7: 막대에서의 온도분포

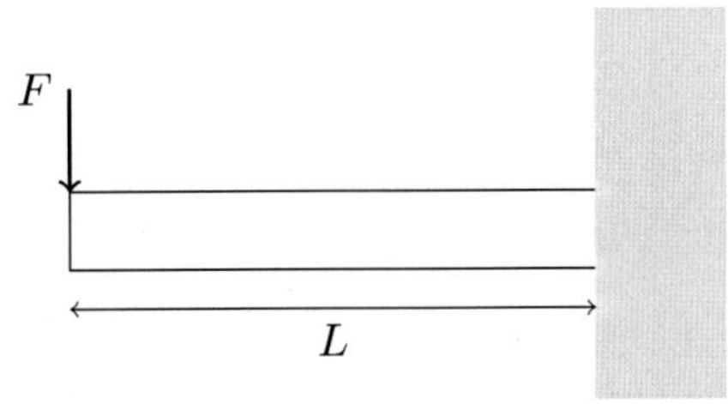

그림 1.8: 보의 처짐 계산

보의 처짐

이번에는 높이 h, 너비 b인 사각형 단면을 가지는 길이 L인 보의 처짐을 구하는 문제를 생각해 보기로 한다. 그림9.6에서 보는 바와 같이 보의 한 쪽 끝은 자유로운 상태이며 다른 한 쪽 끝은 벽에 고정되어 있는 외팔보(cantilever beam)이다. 처짐 y에 관한 방정식은 다음과 같이 굽힘 모멘트 형식으로 표시될 수 있다.

$$EI\frac{d^2y}{dx^2} = M$$

여기서 굽힘 모멘트 $M = -Fx$, 경계조건은 처짐 $y(L) = 0$과 처짐각 $dy(L)/dx = 0$으로 구성된다. 또한 처짐각에 대한 조건이 의미하는 바는 보의 길이 방향이 x축 방향과 평행 하다는 것을 의미한다. 위식에 대하여 적분을 두 번 수행하면 다음과 같으며 c_1 과 c_2 는 적분상수이다.

$$\begin{aligned} EI\frac{dy}{dx} &= -\frac{1}{2}Fx^2 + c_1 \\ EIy &= -\frac{1}{6}Fx^3 + c_1x + c_2 \end{aligned}$$

적분상수를 구하기 위해서 경계조건을 적용하면 최종적으로 다음과 같은 처짐을 얻게 되며 그림 1.9에서 처짐 곡선을 도시하였다.

$$EIy = -\frac{1}{6}Fx^3 + \frac{1}{2}FL^2x - \frac{1}{3}FL^3$$

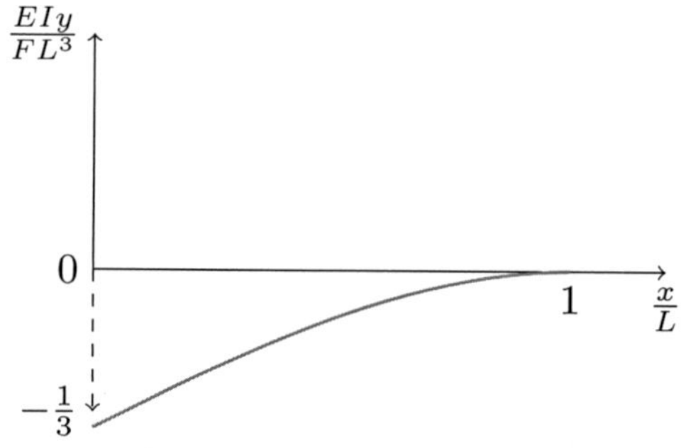

그림 1.9: 보의 처짐 곡선

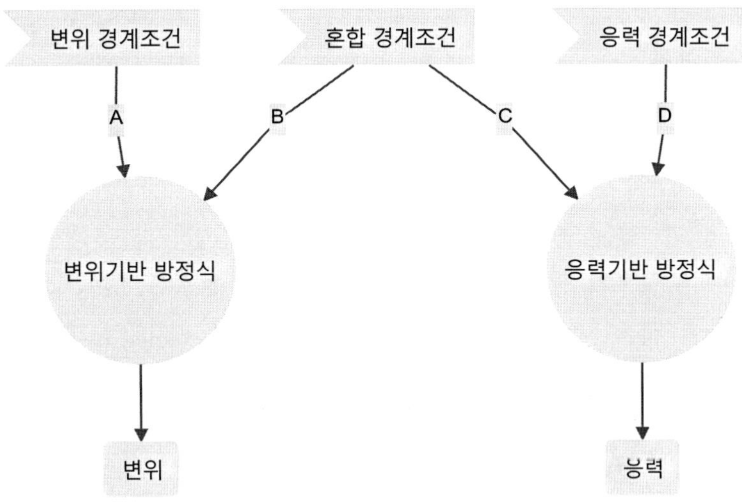

그림 1.10: 탄성방정식의 종류와 경계조건

1.3 탄성문제의 해법

탄성론에서 주어지는 방정식도 위에서 설명한 것과 유사한 과정을 거쳐서 해를 구하게 된다. 물론 탄성 방정식의 해를 해석적으로 구하는 것은 몹시 어려운 일 중의 하나이며 실제로는 미적분, 복소수, 벡터 등의 고등 수학을 요구한다. 또한 해석적 방법으로만 풀 수 있는 문제는 매우 제한적이기도 하다. 그럼에도 불구하고 해를 구하는 과정에서 얻게 되는 탄성문제에 대한 물리적 지식과 통찰력은 다른 방식으로는 경험할 수가 없는 것이기에 중요한 학습 동기가 되리라고 생각한다. 또한, 위에서 언급한 방정식들을 적절한 가정을 적용하여 한 차원을 낮추어 평면문제로 다루는 경우도 많으며 3차원 문제를 풀기 위해서는 보다 고급한 수학이 필요하게 된다. 예를 들어, 2차원 평면문제를 위한 해석방법으로서 응력함수(stress function)방법, 복소수(complex variable)해석 등이 있으며 3차원 문제에 대해서는 Green 함수, Fourier 해석 등이 사용된다.

그림 1.10에서는 탄성방정식을 해석하는 방법을 입력과 출력의 개념으로 설명하고 있다. 방정식에 대한 경계조건은 입력의 역할을 하게 된다. 또한, 문제를 해석하기 전에 출력의 종류를 결정해야 한다. 예를 들어, A 과정을 선택하면 변위 경계조건을 적용하여 변위기반 방정식을 풀고 변위를 해로 갖게 된다. 한편, 변위와 응력으로 주어지는 혼합 경계조건은 두 종류의 방정식에 관여할 수 있다. 이 책에서

는 입문서임을 감안하여 평면문제에 집중하고 그 중에서도 응력함수 방법을 사용한 해석방법을 설명하기로 한다.

1.4 수치해법과 탄성론

문제를 쉽게 풀 수 있는 좋은 상업용 프로그램이 많이 있는데 구태여 탄성론의 해석방법들을 배울 필요가 있는가? 혹자는 이렇게 생각할 수도 있을 것이다. 그러나 탄성문제를 다룰 때 정확한 내용을 알지 못하고 컴퓨터 프로그램의 결과에만 의존하는 경우를 종종 보게 된다. 탄성론의 기초가 없거나 약한 사람들에게 있어서 쉽게 접근할 수 있는 컴퓨터 해석에 전적으로 의존하기를 거부하기는 힘들다. 그러나 그럼에도 불구하고 학교나 회사에서 잘못된 입력과 그로 인한 잘못된 결과를 제대로 이해하고 수정하는 능력을 가진 사람은 그리 많지 않다. 예를 들어, 해석하고자 하는 문제가 변위에 관한 것인지, 힘에 관한 내용인지를 파악하기 힘든 경우도 있고, 또한 수치계산 결과도 물리적으로 타당한 결과인지를 확증하기가 쉽지 않다. 입력이 틀리면 당연히 결과도 틀리게 되고 따라서 올바른 평가를 얻을 수 없다. 그러므로 컴퓨터 해석법의 발달에도 불구하고 여전히 기본적인 탄성론의 내용과 해석적 방법을 배우고 이해하는 것이 중요하게 된다.

연습문제

1. Saint-Venant의 원리를 설명하시오.

2. 경곗값 문제의 예를 들어보시오.

3. 변위, 변형률, 응력의 정의에 대해서 간략하게 서술하시오.

4. 변위기반 방정식과 응력기반 방정식의 구성을 위해서 필요한 방정식들은 어떤 것들이 있는가? 또한 공통점과 차이점은 무엇인가?

5. 변위 경계조건, 응력 경계조건, 그리고 혼합 경계조건에 대해서 설명해 보시오.

6. 탄성문제를 해석하기 위한 컴퓨터 프로그램에는 어떠한 것이 있는가?

제2장 벡터연산

- 벡터의 표기(notations)
- 벡터의 내적(inner product)
- 벡터의 미적분(vector calculus)
- 벡터의 변환(vector transformation)

2.1 벡터의 표기

이번 장에서는 탄성론의 내용을 수학적으로 기술하기 위한 최소한의 벡터연산에 대한 내용을 간략하게 소개하기로 한다. 단, 벡터연산에 대한 기본적인 배경지식을 가진 경우에는 생략하고 다음 장으로 넘어가도 된다. 벡터는 다양한 방법으로 표시할 수 있다. 예를 들어, 3차원 공간에서 벡터 $\mathbf{t}$는 (t_1, t_2, t_3)의 성분을 가지며 다음과 같이 성분과 좌표계에서의 기저벡터(basis vector)의 구성으로 나타낼 수 있다.

$$\mathbf{t} = t_1\mathbf{e}_1 + t_2\mathbf{e}_2 + t_3\mathbf{e}_3$$

여기서 $\mathbf{e}_1$, $\mathbf{e}_2$, $\mathbf{e}_3$는 그림 2.1에서 나타낸 직교 좌표계에서의 각 방향에 대한 단위 기저벡터(unit basis vector)이다. 벡터는 같은 좌표계에서 정의된 벡터 간에는 덧셈, 스칼라와의 곱, 내적, 외적 등의 연산이 가능하다. 예를 들어, 직교 좌표계에서 정의된 두 개의 벡터 $\mathbf{a} = (1, -2, 1)$ 과 $\mathbf{b} = (5, 3, -1)$ 로 벡터의 덧셈을 수행하면 $\mathbf{a} + \mathbf{b} = (6, 1, 0)$ 이 된다. 한편, 스칼라 3과의 곱은, $3\mathbf{a} = (3, -6, 3)$ 이 된다. 그러나 다른 좌표계에서 정의된 벡터끼리는 연산을 하기 위해서는 동일한 좌표계로 표시해야 하므로 좌표변환이 필요하다. 예를 들어, 직교 좌표계에서 정의된 $c = (1, 1)$

이라는 벡터와 극 좌표계(polar coordinate)에서 정의된 $d = (1, \pi/4)$사이의 덧셈을 $\mathbf{c}+\mathbf{d} \neq (2, 1+\pi/4)$로 수행하면 안 된다. 둘 중 하나의 벡터를 동일한 좌표계로 변환시킨 후에 연산을 수행해야 한다.

한편, 벡터를 표시할 때 성분을 t_x, t_y, t_z 표시하거나 단위 기저벡터를 $\mathbf{e}_x$, $\mathbf{e}_y$, $\mathbf{e}_z$ 등으로 표시하지 않은 이유는 텐서로의 확장성을 염두에 두었기 때문이다. 즉, 벡터에 대한 내용을 설명하고자 할 때 특정한 좌표계(직교 좌표계, 극 좌표계, 구 좌표계 등)에 국한되지 않는다는 것을 의미한다. 본서에서는 특정한 좌표계를 지칭하고자 할 때는 해당 좌표계에 맞는 지수를 사용하기로 한다.

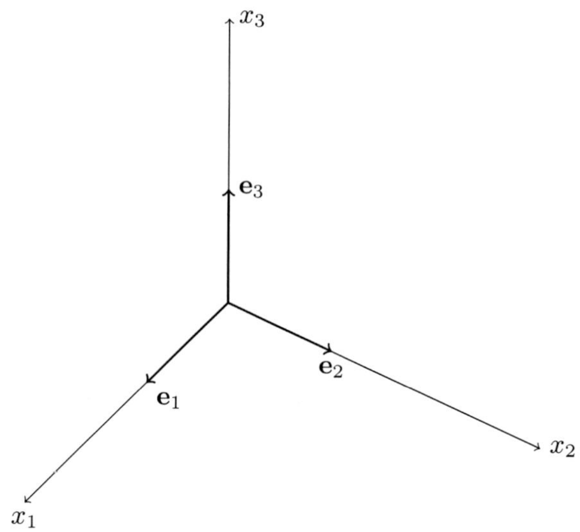

그림 2.1: 직교 좌표계와 단위 기저벡터

지수 표기법

벡터를 성분으로 표시하고자 할 때 앞에서 표기한 방법보다 간편하게 표시할 수 있는 방법 중에 지수 표기법(indicial notation)이 있다. 이 방법은 성분의 개수가 많은 물리량을 표현할 때 유용한 방법으로서 11장에서 소개할 텐서연산에도 널리 사용된다. 임의의 벡터 $\mathbf{u} = (u_1, u_2, u_3)$ 를 지수 표기법으로는 u_i로 표시하며 여기서 지수 $i = 1, 2, 3$을 차례로 적용시킨 것과 같다.

2.2 벡터의 내적

엄밀한 의미에서 볼 때 벡터의 곱은 일반적인 곱과 같은 개념과는 상당히 다르다. 여기서는 가장 많이 사용되는 벡터의 내적(inner product)에 대해서 설명하기로 한다. 두 벡터의 내적은 다음과 같이 정의된다.

$$\mathbf{t} \cdot \mathbf{n} = |\mathbf{t}||\mathbf{n}| \cos\theta$$

여기서 · 는 내적의 기호이며, $\mathbf{n} = n_1\mathbf{e}_1 + n_2\mathbf{e}_2 + n_3\mathbf{e}_3$. 벡터의 내적을 계산하기 위해서는 벡터 자체가 행렬은 아니지만 연산의 편리함으로 인해서 다음과 같은 방식으로도 많이 사용한다.

$$\mathbf{t} \cdot \mathbf{n} = (t_1, t_2, t_3)\begin{pmatrix} n_1 \\ n_2 \\ n_3 \end{pmatrix} = t_1n_1 + t_2n_2 + t_3n_3$$

위의 결과를 지수 표기법으로 표시하면 다음과 같다.

$$\mathbf{t} \cdot \mathbf{n} = t_1n_1 + t_2n_2 + t_3n_3 = \sum_{i=1}^{3} t_in_i \equiv t_in_i$$

여기서 지수 i가 중복되어 나오는데 Einstein의 합법칙(summation convention)을 적용하면 가상적으로 합의 기호로 대치할 수 있게 된다. 즉, 지수 표기법에서 나오는 중복되는 지수는 합의 기호를 붙인 것과 같이 취급하면 된다. 한편, 중복지수는 개별적인 항과 상관이 없으므로 다른 지수의 중복으로 대치해도 같은 결과를 얻게 된다. 다음의 예는 모두 같은 결과를 보여준다.

$$\mathbf{t} \cdot \mathbf{n} = t_in_i = t_jn_j = t_kn_k$$

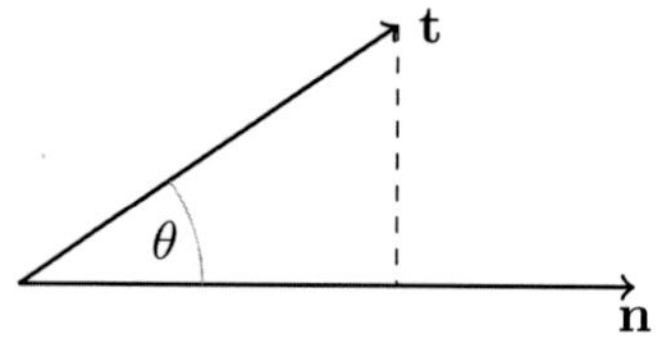

그림 2.2: 두 벡터의 내적 $\mathbf{t} \cdot \mathbf{n}$과 투사(projection)

벡터의 크기

내적의 개념을 적용하여 벡터의 크기를 정의할 수 있다. 벡터 $\mathbf{t}$, $\mathbf{n}$의 크기 $|\mathbf{t}|$, $|\mathbf{n}|$는 다음과 같이 각각 정의된다.

$$|\mathbf{t}| = \sqrt{t_1^2 + t_2^2 + t_3^2}, \qquad |\mathbf{n}| = \sqrt{n_1^2 + n_2^2 + n_3^2}$$

두 벡터의 크기는 내적을 사용하여 각각 $|\mathbf{t}| = \sqrt{\mathbf{t} \cdot \mathbf{t}}$, $|\mathbf{n}| = \sqrt{\mathbf{n} \cdot \mathbf{n}}$ 으로 표시할 수 있다. 또한, 각도 θ는 두 벡터 $\mathbf{t}$와 $\mathbf{n}$이 공간에서 이루는 각도이다. 두 벡터의 내적을 각 성분 별로 표시해 보면 다음과 같다.

$$\begin{aligned}\mathbf{t} \cdot \mathbf{n} &= (t_1\mathbf{e}_1 + t_2\mathbf{e}_2 + t_3\mathbf{e}_3) \cdot (n_1\mathbf{e}_1 + n_2\mathbf{e}_2 + n_3\mathbf{e}_3) \\ &= t_1 n_1 + t_2 n_2 + t_3 n_3\end{aligned}$$

여기서 각 단위 기저벡터의 내적을 다음과 같이 수행할 수 있다.

$$\begin{aligned}\mathbf{e}_1 \cdot \mathbf{e}_1 &= |\mathbf{e}_1||\mathbf{e}_1| \cos 0 = 1 \\ \mathbf{e}_1 \cdot \mathbf{e}_2 &= |\mathbf{e}_1||\mathbf{e}_2| \cos \frac{\pi}{2} = 0 \\ \mathbf{e}_1 \cdot \mathbf{e}_3 &= |\mathbf{e}_1||\mathbf{e}_3| \cos \frac{\pi}{2} = 0 \\ &\vdots\end{aligned} \tag{2.1}$$

$\mathbf{e}_1$, $\mathbf{e}_2$, $\mathbf{e}_3$는 모두 단위벡터(unit vector)이므로 크기가 1이다. 또한, 그림 2.2에서 보는 바와 같이 벡터의 내적은 기하학적으로 한 벡터의 다른 벡터로의 투사(projection)를 의미하며, 그림 2.2 에서 보는 바와 같이 두 벡터의 내적 $\mathbf{t} \cdot \mathbf{n}$ 은 벡터 $\mathbf{t}$를 벡터 $\mathbf{n}$ 의 방향으로 투사하는 것을 의미한다. 이 개념은 탄성론에서 널리 사용되므로

매우 중요한데, 예를 들어, 평면에서 작용하고 있는 응력벡터를 각 좌표축의 평면에 투사하면 각 면에서의 응력성분이 되며 응력텐서를 정의하는데 유용하게 사용된다.

벡터의 조성

초급 수학에서는 벡터를 처음으로 소개 할 때 화살표를 사용하여 개념을 형상화 한다. 화살표가 도움이 되는 부분도 많지만 실제로 벡터를 사용하는 관점에서 볼 때는 다소 혼란을 주기도 한다. 따라서 이 책에서는 단순한 화살표가 아닌 조금 더 수학적인 엄밀함이 가미된 쪽으로 설명을 하고자 한다. 예를 들어, 직교 좌표계에서의 두 점 $P = (1, -1, 2)$와 $Q = (3, 5, -1)$을 고려하고 두 점을 잇는 직선을 벡터로 정의해 보기로 한다. 먼저 P에서 Q로의 벡터 $\mathbf{a} = \{3-1, 5-(-1), -1-2\} = (2, 6, -3)$이 되고 Q에서 P로의 벡터 $\mathbf{b} = \{1-3, -1-5, 2-(-1)\} = (-2, -6, 3)$이 된다. 한편, 두 벡터를 단위벡터 $\mathbf{a}_u$, $\mathbf{b}_u$로 각각 변환하면 다음과 같다.

$$\mathbf{a}_u = \frac{\mathbf{a}}{|\mathbf{a}|} = \left(\frac{2}{\sqrt{49}}, \frac{6}{\sqrt{49}}, -\frac{3}{\sqrt{49}}\right)$$
$$\mathbf{b}_u = \frac{\mathbf{b}}{|\mathbf{b}|} = \left(-\frac{2}{\sqrt{49}}, -\frac{6}{\sqrt{49}}, \frac{3}{\sqrt{49}}\right)$$

여기서

$$|\mathbf{a}| = |\mathbf{b}| = \sqrt{2^2 + 6^2 + (-3)^2} = \sqrt{49}$$

방향 코사인

벡터의 내적을 응용하면 두 벡터가 이루고 있는 각도를 계산할 수 있으므로 공간에서의 벡터에 대한 구조적인 정보를 알려주게 된다. 그림2.3에서 보는 바와 같이 임의의 벡터 $\mathbf{a} = (a_1, a_2, a_3)$를 작도하고 각 성분이 좌표축과 이루는 각도를 각각 α, β, γ라고 하자. 벡터 $\mathbf{a}$와 각 좌표축과의 공간에서의 구조적인 형태를 파악하기 위해서 두 벡터의 내적의 결과를 사용하면 편리하며 필요한 연산은 다음과 같이 주어진다.

$$\begin{aligned} \cos\alpha &= \cos(\mathbf{a}, \mathbf{e}_1) \\ \cos\beta &= \cos(\mathbf{a}, \mathbf{e}_2) \\ \cos\gamma &= \cos(\mathbf{a}, \mathbf{e}_3) \end{aligned} \tag{2.2}$$

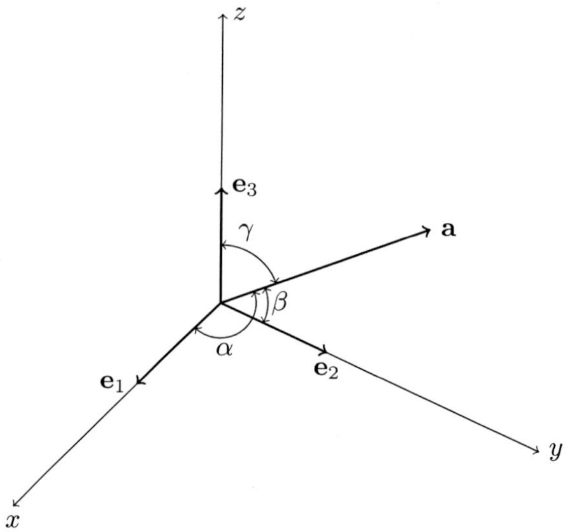

그림 2.3: 방향 코사인(direction cosine)의 정의

여기서 $\cos\alpha$, $\cos\beta$, $\cos\gamma$ 를 방향 코사인(direction cosine)이라고 한다. 또한, 벡터 **a** 방향으로의 방향 코사인은 단위벡터의 성질을 갖게 되므로 다음과 같은 관계를 만족한다.

$$\cos^2\alpha + \cos^2\beta + \cos^2\gamma = 1$$

방향 코사인의 개념은 공간에서 방향과 구조를 가늠할 때 매우 유용하게 사용될 수 있는데, 예를 들어, 면적이 A인 삼각형 평판이 각 좌표축과 교차하는 경우를 생각해 보기로 한다. 그림 2.4에서 보는 바와 같이 삼각형 평판은 각 좌표축 위의 한 점과 각각 만나고 있다. 이때 평판의 표면에 수직하는 법선벡터를 **n**이라고 놓는다. 삼각형 평판을 x_1-x_2 평면상에 투사했을 때의 면적 A_1은 다음과 같이 계산된다.

$$A_1 = A\mathbf{n}\cdot\mathbf{e}_1 = A\cos(\mathbf{n},\mathbf{e}_1) = A\cos\alpha$$

여기서 $\cos\alpha$는 벡터 **n** 과 x_1 방향의 단위벡터의 내적으로 인한 방향 코사인이다. 마찬가지로 x_2-x_3와 x_1-x_3 평면에 투사된 면적은 각각 $A_2 = A\cos\beta$, $A_3 = A\cos\gamma$ 가 된다.

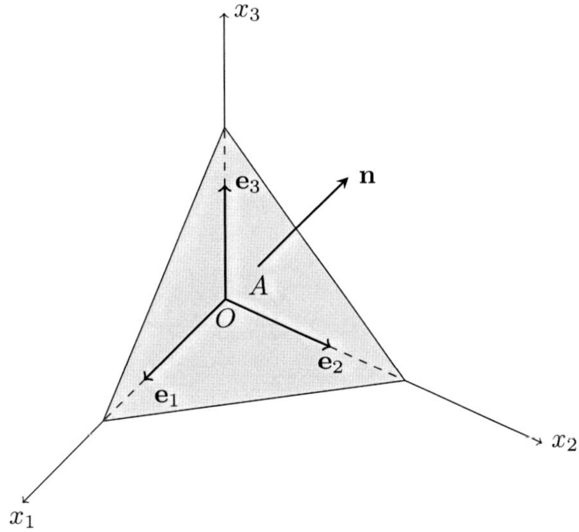

그림 2.4: 방향 코사인과 투사면적

벡터의 성분 구하기

내적을 사용하면 다음과 같이 벡터의 각 성분을 구할 수 있다. 다음의 예는 벡터 $\mathbf{n}$의 성분 중에서 x_1 방향과 x_2 방향으로의 성분을 구하는 내용을 보여주고 있다.

$$\mathbf{n} \cdot \mathbf{e}_1 = (n_1\mathbf{e}_1 + n_2\mathbf{e}_2 + n_3\mathbf{e}_3) \cdot \mathbf{e}_1 = n_1$$
$$\mathbf{n} \cdot \mathbf{e}_2 = (n_1\mathbf{e}_1 + n_2\mathbf{e}_2 + n_3\mathbf{e}_3) \cdot \mathbf{e}_1 = n_2$$

만일 단위벡터 $\mathbf{n}$을 임의의 평면에서의 법선으로 사용한다면 평면의 방향을 알려주는 역할을 하게 된다. 따라서 n_1은 $\mathbf{n}$과 양의 x_1 방향과 이루는 각도에 대한 방향 코사인을 의미하게 되며, 문헌에 따라서는 $\cos(\mathbf{n}, \mathbf{e}_1)$ 이라고 표시하기도 한다.

2.3 벡터의 미적분

벡터의 미적분은 탄성론에서 가장 많이 응용되어 쓰이는 분야이다. 여기서는 방대한 내용을 다루기보다 탄성론 이론의 설명에 필요한 부분을 중점으로 간략하게 소개하기로 한다. 벡터 미적분에 대하여 더 깊은 내용이 필요하다고 생각되는 독자들은 관련문헌을 참고하기 바란다.

구배(gradient)

3차원 공간에서의 좌표 (x_1, x_2, x_3)에 대한 구배(gradient)는 다음과 같이 정의되는 벡터이다.

$$\text{grad} \equiv \frac{\partial}{\partial x_1}\mathbf{e}_1 + \frac{\partial}{\partial x_2}\mathbf{e}_2 + \frac{\partial}{\partial x_3}\mathbf{e}_3 \tag{2.3}$$

또는 성분으로 표시하면

$$\text{grad} \equiv \left(\frac{\partial}{\partial x_1}, \frac{\partial}{\partial x_2}, \frac{\partial}{\partial x_3}\right) \equiv \frac{\partial}{\partial x_i}$$

스칼라 함수 $\phi(x_1, x_2, x_3) = x_1^2 + x_2^2 + x_3^2 - 1$ 에서의 구배는 다음과 같이 계산한다.

$$\begin{aligned}\text{grad}\,\phi &= \frac{\partial \phi}{\partial x_1}\mathbf{e}_1 + \frac{\partial \phi}{\partial x_2}\mathbf{e}_2 + \frac{\partial \phi}{\partial x_3}\mathbf{e}_3 \\ &= 2x_1\mathbf{e}_1 + 2x_2\mathbf{e}_2 + 2x_3\mathbf{e}_3\end{aligned}$$

한편, 벡터의 구배는 다음과 같이 정의된다. 벡터 $\mathbf{u} = (u_1, u_2, u_3) = (x_1^2, 2x_1x_2, -3x_1^3x_3^2)$에 대한 grad $\mathbf{u}$는 다음과 같다.

$$\begin{aligned}\text{grad}\,\mathbf{u} &= \begin{Bmatrix} \frac{\partial}{\partial x_1} \\ \frac{\partial}{\partial x_2} \\ \frac{\partial}{\partial x_3} \end{Bmatrix} (u_1, u_2, u_3) \qquad (2.4) \\ &= \begin{bmatrix} \frac{\partial u_1}{\partial x_1} & \frac{\partial u_2}{\partial x_1} & \frac{\partial u_3}{\partial x_1} \\ \frac{\partial u_1}{\partial x_2} & \frac{\partial u_2}{\partial x_2} & \frac{\partial u_3}{\partial x_2} \\ \frac{\partial u_1}{\partial x_3} & \frac{\partial u_2}{\partial x_3} & \frac{\partial u_3}{\partial x_3} \end{bmatrix} = \begin{bmatrix} 2x_1 & 2x_2 & -9x_1^2x_3^2 \\ 0 & 2x_1 & 0 \\ 0 & 0 & -6x_1^3x_3 \end{bmatrix}\end{aligned}$$

여기서 유의할 점은 스칼라 량에 대한 구배는 벡터로 결과가 나오지만, 벡터에 대한 구배는 9개의 성분을 가지는 양으로 변환된다는 것이다. 여기서는 더 깊은 내용을 다루지 않겠지만 이러한 물리량을 텐서로 표시하면 2차 텐서로 간주될 수 있으며 관심 있는 독자는 11장을 보기 바란다.

발산(divergence)

벡터 미분연산자와 벡터의 내적을 발산(divergence)으로 정의하며 다음과 같이 계산된다.

$$\begin{aligned}\operatorname{div}\mathbf{u} &= \left(\frac{\partial}{\partial x_1}\mathbf{e}_1 + \frac{\partial}{\partial x_2}\mathbf{e}_2 + \frac{\partial}{\partial x_3}\mathbf{e}_3\right)\cdot(u_1\mathbf{e}_1 + u_2\mathbf{e}_2 + u_3\mathbf{e}_3)\\ &= \frac{\partial u_1}{\partial x_1}\mathbf{e}_1\cdot\mathbf{e}_1 + \frac{\partial u_2}{\partial x_2}\mathbf{e}_2\cdot\mathbf{e}_2 + \frac{\partial u_3}{\partial x_3}\mathbf{e}_3\cdot\mathbf{e}_3\\ &= \frac{\partial u_1}{\partial x_1} + \frac{\partial u_2}{\partial x_2} + \frac{\partial u_3}{\partial x_3} \qquad (2.5)\\ &= 2x_1 + 2x_2 - 6x_1^3x_3\end{aligned}$$

여기서, 벡터 $\mathbf{u}=(x_1^2, 2x_1x_2, -3x_1^3x_3^2)$. 또한, 발산은 다음과 같이 지수 표기법으로 쓸 수 있다.

$$\operatorname{div}\mathbf{u} = \frac{\partial u_i}{\partial x_i} = \frac{\partial u_k}{\partial x_k}$$

여기서 지수 i 또는 k가 중복되고 있으므로 지수의 종류에 관계없이 합의 개념으로 생각할 수 있다.

Laplacian

많은 방정식에서 볼 수 있는 Laplace 형태의 미분은 두 벡터 미분 연산자의 내적으로 다음과 같이 정의하며, 예를 들어, 스칼라 함수 $\phi(x_1, x_2, x_3) = x_1^2 + x_2^2 + x_3^2 - 1$에서는 다음과 같이 계산된다.

$$\begin{aligned}\operatorname{div}\operatorname{grad}\phi &= \nabla^2\phi\\ &= \frac{\partial^2\phi}{\partial x_1^2} + \frac{\partial^2\phi}{\partial x_2^2} + \frac{\partial^2\phi}{\partial x_3^2} \qquad (2.6)\\ &= 2 + 2 + 2 = 6\end{aligned}$$

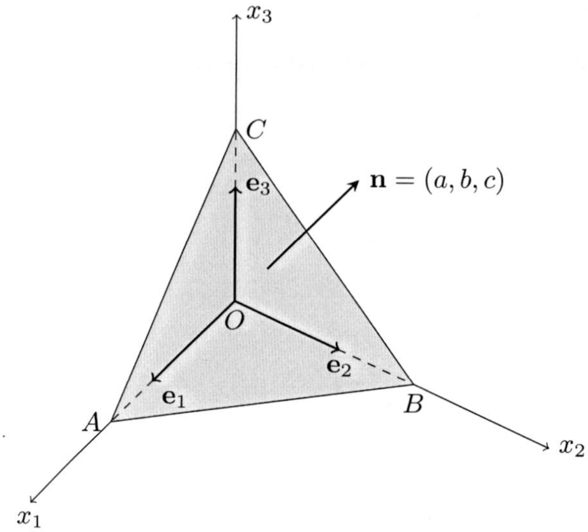

그림 2.5: 평면에서의 단위 법선벡터

2.4 단위 법선벡터

평면과 단위 법선벡터

평면의 방향을 나타낼 때 법선 방향을 가리키는 법선벡터(normal vector)를 사용하면 일관성 있는 표기가 가능하기 때문에 많이 사용된다. 예를 들어, 그림2.5에서 보는 것과 같이 세 점 $A = (3, 0, 0)$, $B = (0, 4, 0)$, $C = (0, 0, 2)$ 를 지나는 평면의 방정식은 다음과 같이 주어진다.

$$\frac{x_1}{3} + \frac{x_2}{4} + \frac{x_3}{2} = 1$$

평면과 수직인 법선벡터 $\mathbf{n} = (a, b, c)$가 평면상의 한 점에서 작용하고 있으며 평면의 방정식을 $f(x_1, x_2, x_3) = 4x_1 + 3x_2 + 6x_3 - 12$ 와 같이 함수 형태로 만든다. 이 식은 다음과 같이 성분 요소로 분해하여 두 벡터의 내적으로 생각할 수 있다.

$$\{4\mathbf{e}_1 + 3\mathbf{e}_2 + 6\mathbf{e}_3\} \cdot \{x_1\mathbf{e}_1 + x_2\mathbf{e}_2 + (x_3 - 2)\mathbf{e}_3\} = 0$$

그러므로 (4, 3, 6)을 성분으로 가지는 벡터는 평면상에 있는 벡터$(x_1, x_2, x_3 - 2)$와 직교함을 알 수 있다. 결과적으로 각 성분을 정규화 시키면 즉, 벡터의 크기로 나누어주면 단위법선 벡터 $\mathbf{n}$ 은 다음과 같이 주어진다.

$$\mathbf{n} = (\frac{4}{\sqrt{61}}, \frac{3}{\sqrt{61}}, \frac{6}{\sqrt{61}}) = (a, b, c)$$

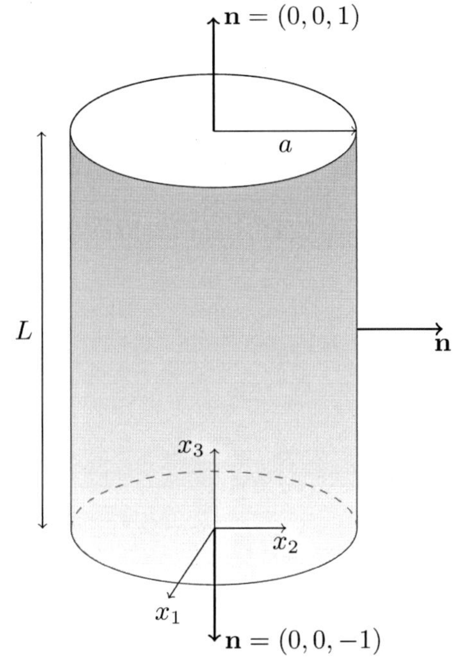

그림 2.6: 원통에서의 단위 법선벡터

3차원 물체와 단위 법선벡터

탄성론에서는 물체의 각 면에서 작용하는 응력 등을 계산할 때 평면만 아니라 입체적인 물체에 대한 해석도 수행하게 되므로 물체의 표면에 대한 정의를 내릴 때 단위 법선벡터를 많이 사용한다. 예를 들어, 반지름이 a이며 길이가 L인 원통형의 물체는 그림2.6에서 보는 바와 같이 3가지의 다른 표면(위, 원통둘레, 아래)을 갖게 된다. 이러한 표면을 구분하기 위해서 단위 법선벡터를 사용하면 편리하며 다음과 같이 정의하여 사용한다. 원통의 윗면은 양(+)의 x_3 방향을 법선으로 가지게 되므로 단위 법선벡터는 $\mathbf{n} = (0, 0, 1)$으로 주어진다. 한편, 아랫면은 음(-)의 x_3 방향으로의 법선벡터가 되어 $\mathbf{n} = (0, 0, -1)$이 됨을 알 수 있다. 원형의 단면에 대한 식을

$f(x_1, x_2) = x_1^2 + x_2^2 - a^2$으로 놓을 수 있다. 그러므로 원통둘레에서의 단위 법선 벡터는 다음과 같이 계산된다.

$$\mathbf{n} = \frac{\text{grad}\, f}{|\text{grad}\, f|} = \frac{x_1}{a}\mathbf{e}_1 + \frac{x_2}{a}\mathbf{e}_2$$

여기서 x_1과 x_2는 원주 상에서 단위벡터가 지나는 점의 좌표이다.

$$\text{grad}\, f = (2x_1, 2x_2, 0)$$

또한

$$|\text{grad}\, f| = \sqrt{(2x_1)^2 + (2x_2)^2 + (0)^2} = 2a$$

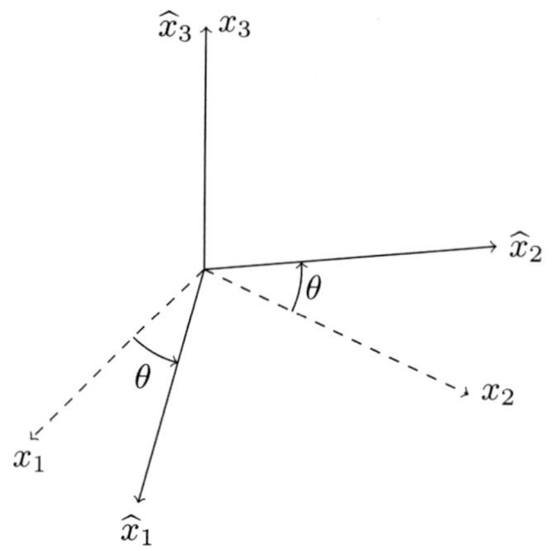

그림 2.7: 회전변환(rotation)

2.5 벡터의 변환

벡터의 가장 중요한 성질 중의 하나가 변환(transformation)이며, 규정된 변환규칙을 따르는 요소만이 벡터로 간주될 수 있다. 수학적으로 엄밀한 벡터변환에 대한 설명은 방대하므로 여기서는 탄성론의 내용을 이해하는데 필요한 내용을 중심으로 설명하기로 한다. 벡터 $\mathbf{u} = (u_1, u_2, u_3)$가 직교 좌표계 $x_1x_2x_3$에서 정의되었다고 하자. 그림2.7에서 보는 바와 같이 x_3를 축으로 θ 만큼 회전된 새로운 직교 좌표계 $\widehat{x}_1\widehat{x}_2\widehat{x}_3$에서의 벡터의 성분을 구하고자 한다. 이를 위한 변환행렬 $\mathbf{Q}$는 다음과 같이 주어진다.

$$\mathbf{Q} = \begin{bmatrix} \cos\theta & \sin\theta & 0 \\ -\sin\theta & \cos\theta & 0 \\ 0 & 0 & 1 \end{bmatrix} = \begin{bmatrix} Q_{11} & Q_{12} & Q_{13} \\ Q_{21} & Q_{22} & Q_{23} \\ Q_{31} & Q_{32} & Q_{33} \end{bmatrix}$$

여기서 유의 깊게 보아야 할 점은 변환행렬 $\mathbf{Q}$의 각 성분은 식(2.2)에서 정의한 방향 코사인의 성질을 가지고 있다는 점이다. 예를 들어, 변환행렬 성분 중의 하나인 $q_{22} = \cos\theta$ 는 $\cos(\widehat{x}_2, x_2)$ 를 의미하는 방향 코사인이며 다른 성분도 모두 같은 의미를 가지고 있다. 따라서 $x_1x_2x_3$에서 정의된 벡터 $\mathbf{u}$의 변환은 다음과 같이 쓸 수 있다. 아래의 변환 식을 지수 표기법으로는 $\widehat{u}_i = Q_{ij}u_j$ 로 적을 수 있다.

$$\begin{Bmatrix} \widehat{u}_1 \\ \widehat{u}_2 \\ \widehat{u}_3 \end{Bmatrix} = \begin{bmatrix} \cos\theta & \sin\theta & 0 \\ -\sin\theta & \cos\theta & 0 \\ 0 & 0 & 1 \end{bmatrix} \begin{Bmatrix} u_1 \\ u_2 \\ u_3 \end{Bmatrix}$$

또는 식으로 풀어 쓰면

$$\begin{aligned} \widehat{u}_1 &= u_1\cos\theta + u_2\sin\theta \\ \widehat{u}_2 &= -u_1\sin\theta + u_2\cos\theta \\ \widehat{u}_3 &= u_3 \end{aligned}$$

즉, 다음과 같은 관계가 성립된다.

$$\mathbf{u} = u_1\mathbf{e}_1 + u_2\mathbf{e}_2 + u_3\mathbf{e}_3 = \widehat{u}_1\widehat{\mathbf{e}}_1 + \widehat{u}_2\widehat{\mathbf{e}}_2 + \widehat{u}_3\widehat{\mathbf{e}}_3$$

또는

$$\mathbf{u} = u_i\mathbf{e}_i = \widehat{u}_i\widehat{\mathbf{e}}_i$$

이 식은 벡터의 개념에 있어서 매우 중요한 사실을 알려준다. 벡터 $\mathbf{u}$ 자체는 변환에 관계없이 동일하며 단지 변하는 것은 벡터의 성분 u_i와 기저벡터 $\mathbf{e}_i$라는 점이다. 그러므로 규정된 변환을 따르지 않는 물리량은 마치 벡터처럼 보이더라도 벡터가 아니다. 이는 11장에서 다루게 될 텐서에서도 마찬가지이며 규정된 변환법칙을 만족해야만 텐서로 정의된다.

연습문제

1. 두 점 $A = (0, -1, 2)$와 $B = (3, 2, 1)$을 잇는 직선을 표시하는 벡터를 구하시오.

2. 두 점 $A = (5, 2, 1)$와 $B = (4, -1, -1)$을 잇는 직선을 표시하는 벡터를 구하시오.

3. 두 점 $A = (3, -1, 2)$와 $B = (-5, 2, 1)$을 잇는 벡터 $\mathbf{a}$와 또 다른 벡터 $\mathbf{n} = (2, 4, 1)$ 의 내적을 계산하고 두 벡터가 이루는 각도 θ를 구하시오.

4. 벡터 $\mathbf{n}$의 성분이 $(1/\sqrt{2}, 1/\sqrt{2}, 0)$이며 $\mathbf{t}$의 성분은 $(1, -1, 1)$로 주어졌을 때

   a) 두 벡터의 내적 $\mathbf{n} \cdot \mathbf{t}$를 계산하고 $\mathbf{t} \cdot \mathbf{n}$을 수행한 경우의 값과 비교하시오.

   b) 두 벡터의 내적 $\mathbf{n} \cdot \mathbf{t}$에서의 방향 코사인(direction cosine) 값을 구하시오.

5. 스칼라 함수 $\phi(x_1, x_2, x_3) = x_1 x_2 x_3 + 5x_1 x_2 - 6x_2 x_3$ 에 대하여 구배(gradient)를 구하고 각 성분으로 표시하시오.

6. 벡터 $\mathbf{a} = x_1^2 x_3 \mathbf{e}_1 - 3x_1 x_2^3 \mathbf{e}_2 + 6x_3^2 \mathbf{e}_3$에 대하여 구배(grad)와 발산(div)을 계산하시오.

7. 스칼라 함수 $\phi(x_1, x_2, x_3) = 3x_1^3 x_2 + x_1 x_2^2 x_3^2 - 5x_1^2 x_3^3$를 사용하여 식(2.6)의 Laplacian의 결과를 유도하시오.

8. 스칼라 함수 $\phi(x_1, x_2, x_3) = -2x_1^2 x_2 x_3 - x_1 x_3^2 + 4x_1 x_2^2 x_3$ 에 대하여 Laplacian을 수행하시오.

9. 세 점(1,0,0), (0,3,0), (0,0,4)을 지나는 평면의 방정식을 작성하고 평면에 대한 단위법선 벡터 $\mathbf{n}$ 을 구하시오.

10. 세 점(2,0,0), (0,2,0), (0,0,2)을 지나는 평면의 방정식을 작성하고 평면에 대한 단위법선 벡터 $\mathbf{n}$ 을 구하시오.

11. 장축과 단축의 길이가 각각 $2a$, $2b$ 이며 길이가 L인 타원형의 물체가 있다. 물체의 각 표면에서의 단위 법선벡터를 계산하시오. 단, 타원의 방정식은 다음과 같다.

$$\frac{x^2}{a^2} + \frac{y^2}{b^2} = 1$$

12. 변환행렬이 다음과 같이 주어질 때, 벡터 $\mathbf{u} = (1, 3, 5)$의 변환된 성분을 구하시오.

$$\mathbf{Q} = \begin{bmatrix} \cos\frac{\pi}{4} & \sin\frac{\pi}{4} & 0 \\ -\sin\frac{\pi}{4} & \cos\frac{\pi}{4} & 0 \\ 0 & 0 & 1 \end{bmatrix}$$

13. 변환행렬이 다음과 같이 주어질 때 어떤 변환인가를 설명하고, 벡터 $\mathbf{u} = (-4, -2, 1)$의 변환된 성분을 구하시오.

$$\mathbf{Q} = \begin{bmatrix} -1 & 0 & 0 \\ 0 & -1 & 0 \\ 0 & 0 & 1 \end{bmatrix}$$

제3장 응력

- 응력벡터(stress vector)
- 응력텐서(stress tensor)
- 응력의 변환과 주응력(stress transformation and principal stresses)
- 평형방정식(equilibrium equation)

3.1 힘과 응력

응력(stress)이란 무엇인가라는 질문에 대답하기란 쉽지 않다. 대부분이 응력은 "힘을 면적으로 나눈 것" 이라고 알고 있으며 그것이 가장 간단하고도 정확한 묘사일 수도 있다고 본다. 그러나 응력은 그것보다 훨씬 깊은 개념을 배경으로 하고 있다는 것도 알아야 한다. 응력은 공과대학 역학 과목에서 빠짐없이 등장함에도 불구하고 개념을 이해하기가 어려운 이유는 응력의 벡터로서의 성질과 텐서로서의 성질을 충분하게 이해하지 못했기 때문이라고 생각한다. 그러므로 대학의 저학년 과정에서는 크게 문제가 안 되겠지만 심도 있는 학문을 하고자 하는 사람들에게 있어서는 필수적으로 알아야 하는 중요한 요소이다. 이번 장에서는 응력벡터와 응력텐서의 개념과 관계를 설명하기로 한다. 두 가지 모두 중요하고도 필수적인 내용이므로 반드시 이해하고 넘어가도록 해야 한다.

외부에서 주어지는 힘에 의해서 물체의 변형이 일어나며 이로 인해서 응력이 발생하게 된다. 이때의 힘은 표면력(surface force)과 체력(body force)으로 나누어 고려한다. 표면력은 두 물체의 접촉에 의해서 발생되는 것으로서 내부의 힘으로 간주할 때는 물체의 가상적인 단면에서 작용한다고 가정한다. 한편, 체력은 물체의 질량과 관련되며 중력, 전자기력, 관성 등이 이에 해당되고 물체의 체적 전체에 분포

되어 있다고 가정하며 체력은 단위 체적당의 힘으로 정의된다.

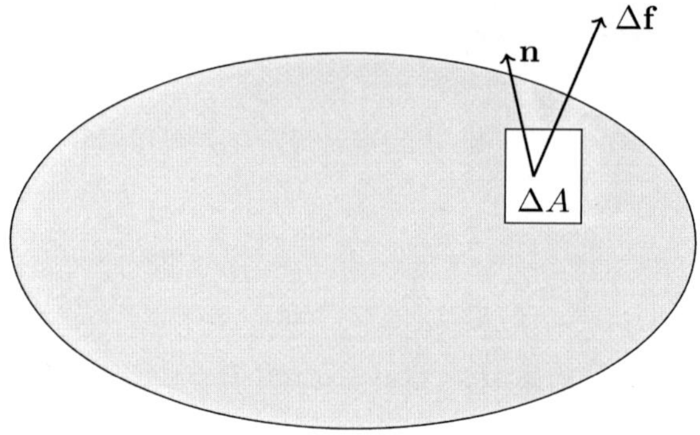

그림 3.1: 응력벡터의 정의

응력벡터

물체에 작용하는 힘은 물체의 단면에 분포되어 있다고 가정할 수 있으며 그림 3.1 에서 미소면적 ΔA에서 작용하는 힘을 $\Delta\mathbf{f}$라고 하면 응력은 단면의 한 점에서 작용하는 힘으로 정의되며 이를 응력벡터 $\mathbf{f}^{(n)}$라고 하며 다음과 같이 정의한다.

$$\mathbf{t}^{(n)} = \lim_{\Delta A \to 0} \frac{\Delta\mathbf{f}}{\Delta A} \tag{3.1}$$

응력벡터 $\mathbf{t}^{(n)}$의 성분은 같은 점을 지나더라도 면의 방향에 따라 달라지는데 여기서는 응력벡터가 작용하고 있는 면에 해당하는 법선벡터가 $\mathbf{n}$이라는 것을 의미한다. 단, 응력벡터의 방향과 법선벡터의 방향은 일치할 필요가 없다. 그림 3.2에서는 물체의 단면에서의 응력벡터를 도시하였다. 응력벡터가 작용하고 있는 단면의 방향에 따라서 부호를 달리하여 구분하는데 단면의 안쪽으로 향하는 응력벡터를 $\mathbf{t}^{(-n)}$으로 표시하면 Newton의 작용-반작용의 법칙에 따라서 다음과 같은 관계식을 얻게 된다.

$$\mathbf{t}^{(-n)} = -\mathbf{t}^{(n)}$$

한편, 응력벡터가 작용하고 있는 면에서의 임의의 점을 포함하는 입방체를 생각해 보면, 고려해야 할 평면이 6개에 달한다. 그러므로 한 점에서의 응력을 정의하기 위해서는 6개의 평면에서 각각에서 응력에 관한 정보가 필요하다는 문제가 생긴다.

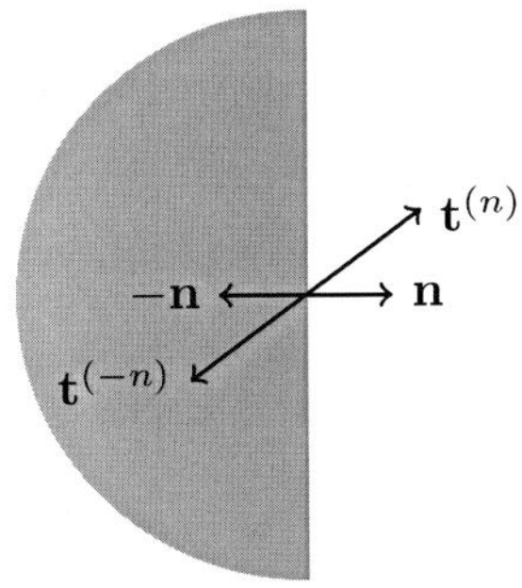

그림 3.2: 응력벡터의 부호

따라서 한 점에서의 유일한 응력을 규정하는 것이 불가능해지므로 적절한 원칙을 사용하여 한 점에서의 응력을 유일하게 정의해야 할 필요가 있다.

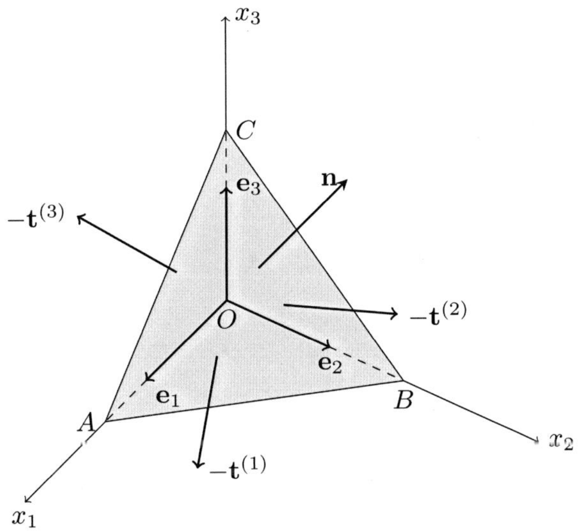

그림 3.3: 응력벡터와 응력텐서에 대한 Cauchy의 정리

Cauchy의 응력

식(3.1)에서 정의된 $\mathbf{t}^{(n)}$는 법선벡터 $\mathbf{n}$으로 표현되는 임의의 평면에서 작용하는 응력벡터를 의미하므로 그림 3.3에서와 같이 그 면을 포함하는 미소 크기의 사면체를 고려한다. 여기서 사면체를 채택한 이유는 3차원 공간에서 한 점을 둘러쌀 수 있

는 면의 개수가 가장 작은 도형이기 때문이다. 그림 3.3에서 사면체 $OABC$의 각 평면에 작용하는 응력벡터를 각각 $\mathbf{t}^{(1)}$, $\mathbf{t}^{(2)}$, $\mathbf{t}^{(3)}$라고 하면 다음과 같이 각 벡터의 성분으로 표시할 수 있다.

$$\begin{aligned}
\mathbf{t}^{(1)} &= t_1^{(1)}\mathbf{e}_1 + t_2^{(1)}\mathbf{e}_2 + t_3^{(1)}\mathbf{e}_3 \\
\mathbf{t}^{(2)} &= t_1^{(2)}\mathbf{e}_1 + t_2^{(2)}\mathbf{e}_2 + t_3^{(2)}\mathbf{e}_3 \\
\mathbf{t}^{(3)} &= t_1^{(3)}\mathbf{e}_1 + t_2^{(3)}\mathbf{e}_2 + t_3^{(3)}\mathbf{e}_3
\end{aligned}$$

그림 3.3에서 응력벡터의 부호가 $-\mathbf{t}^{(1)}$, $-\mathbf{t}^{(2)}$, $-\mathbf{t}^{(3)}$ 등으로 표시된 것은 음(-)의 면에서 작용하고 있기 때문이다. 한편, 사면체에 작용하는 모든 힘은 평형을 이루어야 하므로 다음과 같은 평형 식으로 표시할 수 있다.

$$\sum \mathbf{F} = \mathbf{t}^{(n)}\Delta A - \mathbf{t}^{(1)}\Delta A_1 - \mathbf{t}^{(2)}\Delta A_2 - \mathbf{t}^{(3)}\Delta A_3 - \frac{1}{3}h\mathbf{b}\Delta A = 0 \tag{3.2}$$

여기서

$$\begin{aligned}
\Delta A_1 &= (\mathbf{n}\cdot\mathbf{e}_1)\Delta A = n_1\Delta A \\
\Delta A_2 &= (\mathbf{n}\cdot\mathbf{e}_2)\Delta A = n_2\Delta A \\
\Delta A_3 &= (\mathbf{n}\cdot\mathbf{e}_3)\Delta A = n_3\Delta A
\end{aligned}$$

만일 사면체의 체적을 한 점으로 줄이면, 즉, $h \to 0$이 되면 식(3.2)의 마지막 항은 무시할 수 있으므로 식(3.2)는 다음과 같이 된다.

$$\mathbf{t}^{(n)} - \mathbf{t}^{(1)}n_1 - \mathbf{t}^{(2)}n_2 - \mathbf{t}^{(3)}n_3 = 0$$

또는

$$\mathbf{t}^{(n)} = \mathbf{t}^{(1)}n_1 + \mathbf{t}^{(2)}n_2 + \mathbf{t}^{(3)}n_3 \tag{3.3}$$

식(3.3)을 벡터의 성분 별로 다시 써보면 다음과 같다.

$$\begin{aligned} t_1^{(n)} &= t_1^{(1)} n_1 + t_1^{(2)} n_2 + t_1^{(3)} n_3 \\ t_2^{(n)} &= t_2^{(1)} n_1 + t_2^{(2)} n_2 + t_2^{(3)} n_3 \\ t_3^{(n)} &= t_3^{(1)} n_1 + t_3^{(2)} n_2 + t_3^{(3)} n_3 \end{aligned} \tag{3.4}$$

여기서 응력벡터 중의 하나인 $t_1^{(1)}$을 예로 들어보면 상첨자는 해당 벡터성분이 작용하고 있는 면에 대한 법선벡터의 방향을 나타내며 하첨자는 벡터성분이 가리키는 방향을 알려주고 있다는 점을 유의해야 한다. 또한 각 방향의 면에서 작용하고 있는 응력벡터의 성분은 하나의 법선 성분과 두 개의 전단성분으로 구분되고 있음을 알 수 있다. 예를 들어, $t_1^{(n)}$에서는 $t_1^{(1)}$이 법선 성분이며 $t_2^{(1)}$와 $t_3^{(1)}$가 두 개의 전단성분이 된다. 따라서 각 면에서 작용하는 응력벡터를 법선응력 성분과 전단응력 성분으로 표시하면 다음과 같다.

$$\begin{aligned} t_1^{(n)} &= \sigma_{11} n_1 + \sigma_{21} n_2 + \sigma_{31} n_3 \\ t_2^{(n)} &= \sigma_{12} n_1 + \sigma_{22} n_2 + \sigma_{32} n_3 \\ t_3^{(n)} &= \sigma_{13} n_1 + \sigma_{23} n_2 + \sigma_{33} n_3 \end{aligned} \tag{3.5}$$

여기서 식(3.4)와 식(3.5)에서 우변의 각 항은 $t_1^{(1)} = \sigma_{11}$, $t_1^{(2)} = \sigma_{21}$, $t_3^{(1)} = \sigma_{13}$ 등으로 놓는다, 즉, $t_j^{(i)} = \sigma_{ij}$. 행렬로 표시하면 다음과 같다.

$$\begin{Bmatrix} t_1^{(n)} \\ t_2^{(n)} \\ t_3^{(n)} \end{Bmatrix} = \begin{bmatrix} \sigma_{11} & \sigma_{21} & \sigma_{31} \\ \sigma_{12} & \sigma_{22} & \sigma_{32} \\ \sigma_{13} & \sigma_{23} & \sigma_{33} \end{bmatrix} \begin{Bmatrix} n_1 \\ n_2 \\ n_3 \end{Bmatrix} \tag{3.6}$$

또는 벡터 형식으로 나타내면

$$\mathbf{t}^{(n)} = \mathbf{n} \cdot \boldsymbol{\sigma} \tag{3.7}$$

모든 응력성분을 행렬로 표시하면 다음과 같으며 이를 집합적인 물리량의 개념

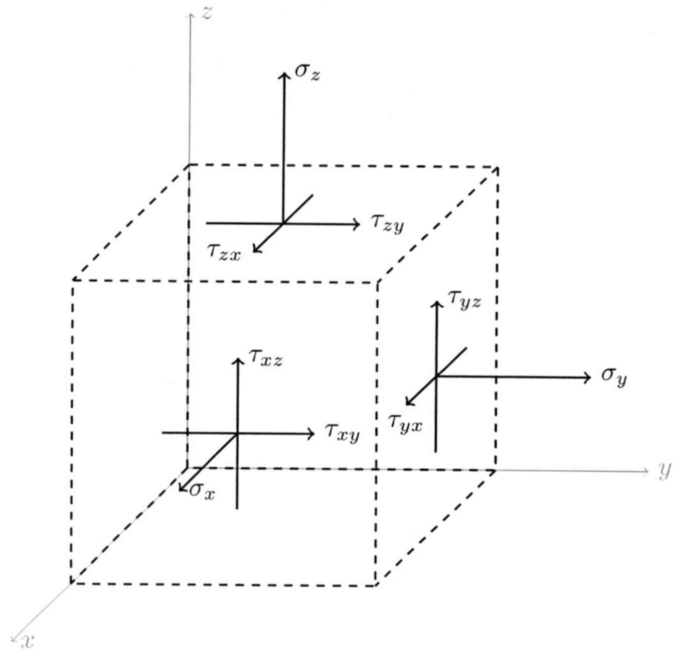

그림 3.4: 응력텐서와 응력성분

으로 응력텐서(stress tensor)라고 한다.

$$\boldsymbol{\sigma} = \begin{bmatrix} \sigma_{11} & \sigma_{21} & \sigma_{31} \\ \sigma_{12} & \sigma_{22} & \sigma_{32} \\ \sigma_{13} & \sigma_{23} & \sigma_{33} \end{bmatrix}$$

그림 3.4에서 응력성분을 작용하는 면에 따라 표시하였다. Cauchy의 정리에 의해서 임의의 평면에서의 응력은 다른 세 평면(3차원인 경우)에서의 응력의 요소들로 정의될 수 있음을 알 수 있었다. 그러므로 이제 한 점에서의 응력은 유일하게 정의될 수 있게 되었다. 즉, 한 점을 지나는 임의의 평면에서의 응력(응력벡터)은 응력텐서에 의해서 완전하게 묘사될 수 있다는 것을 의미한다.

응력의 부호

힘과 마찬가지로 응력도 방향에 따라 부호가 달라지며 올바른 계산을 위해서는 정확한 부호를 고려해야 한다. 일반적으로 힘의 방향은 화살표로 나타내었을 때의 끝이 가리키는 방향과 일치하는 부호를 갖는다. 예를 들어 힘의 벡터 $\mathbf{F}$의 화살표 진행이 양의 x축 방향과 같은 방향이라면 양(+)의 힘이라고 말하고 계산할 때에는 "+"로 생각한다. 반면에 응력은 작용하고 있는 면의 방향에 따라서 부호가 결정된다. 예를 들어, 양의 x면에서 표면에 수직인 단위벡터를 $\mathbf{n}$이라고 하면, 응력의 방향이 단위벡터와 같은 방향으로 표시될 때는 좌표축의 방향과 관계없이 응력은 양의 부호를 갖는다. 한편, 음-)의 x면에서의 단위 법선벡터의 방향 $-\mathbf{n}$은 음의 x축 방향을 가리키며 이 면에서 x축의 음의 방향으로 작용하고 있는 응력은 양의 부호를 가짐을 유의해야 한다. 결론적으로, 응력의 부호는 자체의 방향에 따라 결정되는 것이 아니라 작용하고 있는 면에서의 법선벡터의 방향과 응력의 방향에 의해서 결정된다.

3.2 응력의 변환

응력의 성분은 응력벡터가 작용하고 있는 위치와 면의 상태(기울어짐)에 따라 달라지는데 유의해야 할 점은 응력벡터 자체가 변하는 것이 아니라 벡터의 성분이 변한다는 점이다. 그러므로 작용하는 면의 상태에 따라 응력성분들을 적절하게 변화시켜 줄 수 있는 변환(transformation)이 필요하다. 변환은 기하학적 조건에 따라서 정해지며 회전(rotation)과 이동(translation)으로 분리해서 고려하는 것이 일반적이다. 여기서는 회전에 의한 응력변환에 대해서 알아보고자 한다. 응력의 변환의 기본 개념에 있어서는 3차원의 경우도 2차원과 동일하므로 해석의 간편함을 위하여 2차원에서의 변환을 알아보기로 한다. 3차원변환에 대한 내용은 11장에서 텐서를 사용하여 체계적으로 다루게 되므로 관심 있는 독자들은 참고하기 바란다. 그림 3.5에서 보는 바와 같이 사각형 요소의 1면과 2면에서 작용하는 응력벡터를 각각 $\mathbf{t}^{(1)}$과 $\mathbf{t}^{(2)}$로 표기하면 응력텐서 성분 σ_{ij}를 사용하여 다음과 같이 쓸 수 있다. 그림에서 실선으로 그려진 벡터는 변환된 벡터이며, 점선은 변환 전의 벡터를 의미한다.

$$\mathbf{t}^{(1)} = \sigma_{11}\mathbf{e}_1 + \sigma_{12}\mathbf{e}_2$$
$$\mathbf{t}^{(2)} = \sigma_{21}\mathbf{e}_1 + \sigma_{22}\mathbf{e}_2$$

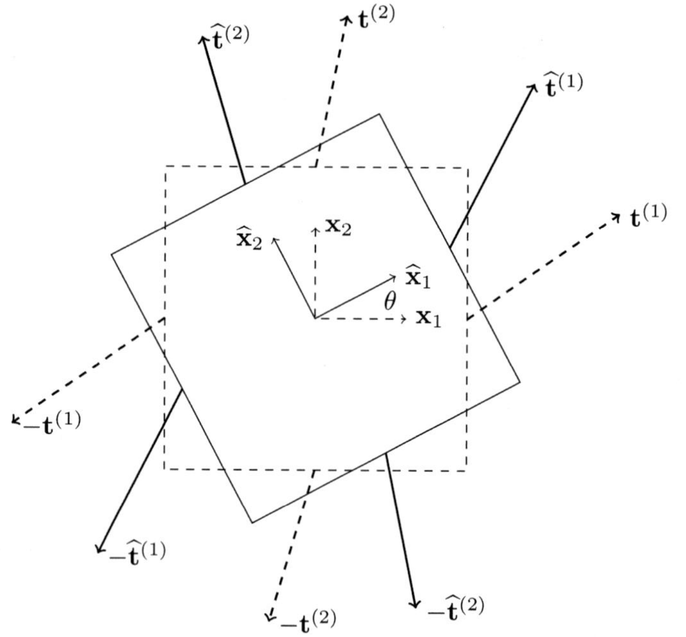

그림 3.5: 응력벡터의 회전변환

또는 행렬로 표현하면 다음과 같다.

$$\begin{Bmatrix} \mathbf{t}^{(1)} \\ \mathbf{t}^{(2)} \end{Bmatrix} = \begin{bmatrix} \sigma_{11} & \sigma_{12} \\ \sigma_{21} & \sigma_{22} \end{bmatrix} \begin{Bmatrix} \mathbf{e}_1 \\ \mathbf{e}_2 \end{Bmatrix} \tag{3.8}$$

그림 3.5에서 보는 바와 같이 기존의 좌표계에서 반시계 방향으로 θ만큼 회전한 새로운 좌표계에서의 단위기저 벡터를 각각 $\widehat{\mathbf{e}}_1$, $\widehat{\mathbf{e}}_2$라고 하면 다음과 같은 관계식을 얻을 수 있다.

$$\begin{aligned} \widehat{\mathbf{e}}_1 &= \cos\theta \mathbf{e}_1 + \sin\theta \mathbf{e}_2 \\ \widehat{\mathbf{e}}_2 &= -\sin\theta \mathbf{e}_1 + \cos\theta \mathbf{e}_2 \end{aligned}$$

또는 행렬로 표시하면 다음과 같다.

$$\begin{Bmatrix} \hat{\mathbf{e}}_1 \\ \hat{\mathbf{e}}_2 \end{Bmatrix} = \begin{bmatrix} \cos\theta & \sin\theta \\ -\sin\theta & \cos\theta \end{bmatrix} \begin{Bmatrix} \mathbf{e}_1 \\ \mathbf{e}_2 \end{Bmatrix} \tag{3.9}$$

행렬의 순서를 바꾸면 다음과 같이 주어진다.

$$\begin{Bmatrix} \mathbf{e}_1 \\ \mathbf{e}_2 \end{Bmatrix} = \begin{bmatrix} \cos\theta & -\sin\theta \\ \sin\theta & \cos\theta \end{bmatrix} \begin{Bmatrix} \hat{\mathbf{e}}_1 \\ \hat{\mathbf{e}}_2 \end{Bmatrix} \tag{3.10}$$

한편 변환된 응력벡터 $\hat{\mathbf{t}}^{(1)}$, $\hat{\mathbf{t}}^{(2)}$는 그림 3.5을 참조하여 다음과 같은 관계식으로 표시할 수 있다.

$$\begin{Bmatrix} \hat{\mathbf{t}}^{(1)} \\ \hat{\mathbf{t}}^{(2)} \end{Bmatrix} = \begin{bmatrix} \cos\theta & \sin\theta \\ -\sin\theta & \cos\theta \end{bmatrix} \begin{Bmatrix} \mathbf{t}^{(1)} \\ \mathbf{t}^{(2)} \end{Bmatrix} \tag{3.11}$$

식(3.11)에 식(3.8)과 식(3.10)을 연속적으로 대입하면 다음과 같은 변환 식을 얻게 된다.

$$\begin{Bmatrix} \hat{\mathbf{t}}^{(1)} \\ \hat{\mathbf{t}}^{(2)} \end{Bmatrix} = \begin{bmatrix} \cos\theta & \sin\theta \\ -\sin\theta & \cos\theta \end{bmatrix} \begin{bmatrix} \sigma_{11} & \sigma_{12} \\ \sigma_{21} & \sigma_{22} \end{bmatrix} \begin{bmatrix} \cos\theta & -\sin\theta \\ \sin\theta & \cos\theta \end{bmatrix} \begin{Bmatrix} \hat{\mathbf{e}}_1 \\ \hat{\mathbf{e}}_2 \end{Bmatrix} \tag{3.12}$$

위식을 모든 항에 대하여 전개하면 다음과 같다.

$$\begin{aligned} \hat{\mathbf{t}}^{(1)} &= (\sigma_{11}\mathbf{e}_1 + \sigma_{12}\mathbf{e}_2)\cos\theta + (\sigma_{21}\mathbf{e}_1 + \sigma_{22}\mathbf{e}_2)\sin\theta \\ \hat{\mathbf{t}}^{(2)} &= -(\sigma_{11}\mathbf{e}_1 + \sigma_{12}\mathbf{e}_2)\sin\theta + (\sigma_{21}\mathbf{e}_1 + \sigma_{22}\mathbf{e}_2)\cos\theta \end{aligned}$$

결과적으로 위식과 식(3.9)에 대하여 내적을 수행하여 변환된 응력텐서의 성분을 구한다.

$$\begin{aligned} \hat{\sigma}_{11} &= \hat{\mathbf{t}}^{(1)} \cdot \hat{\mathbf{e}}_1 = \sigma_{11}\cos^2\theta + \sigma_{22}\sin^2\theta + 2\sigma_{12}\sin\theta\cos\theta \\ \hat{\sigma}_{22} &= \hat{\mathbf{t}}^{(2)} \cdot \hat{\mathbf{e}}_2 = \sigma_{11}\sin^2\theta + \sigma_{22}\cos^2\theta - 2\sigma_{12}\sin\theta\cos\theta \\ \hat{\sigma}_{12} &= \hat{\mathbf{t}}^{(1)} \cdot \hat{\mathbf{e}}_2 = (\sigma_{22} - \sigma_{11})\sin\theta\cos\theta + \sigma_{12}(\cos^2\theta - \sin^2\theta) \end{aligned} \tag{3.13}$$

위에서 유도된 응력 변환 식을 행렬로 나타내면 3×1 과 2×2 의 두 가지 형태로 표시할 수 있다.

$$\begin{Bmatrix} \widehat{\sigma}_{11} \\ \widehat{\sigma}_{22} \\ \widehat{\sigma}_{12} \end{Bmatrix} = \begin{bmatrix} \cos^2\theta & \sin^2\theta & 2\sin\theta\cos\theta \\ \sin^2\theta & \cos^2\theta & -2\sin\theta\cos\theta \\ -\sin\theta\cos\theta & \sin\theta\cos\theta & \cos^2\theta - \sin^2\theta \end{bmatrix} \begin{Bmatrix} \sigma_{11} \\ \sigma_{22} \\ \sigma_{12} \end{Bmatrix} \tag{3.14}$$

또는

$$\begin{bmatrix} \widehat{\sigma}_{11} & \widehat{\sigma}_{12} & 0 \\ \widehat{\sigma}_{12} & \widehat{\sigma}_{22} & 0 \\ 0 & 0 & 1 \end{bmatrix} = \begin{bmatrix} \cos\theta & \sin\theta & 0 \\ -\sin\theta & \cos\theta & 0 \\ 0 & 0 & 1 \end{bmatrix} \begin{bmatrix} \sigma_{11} & \sigma_{12} & 0 \\ \sigma_{12} & \sigma_{22} & 0 \\ 0 & 0 & 1 \end{bmatrix} \begin{bmatrix} \cos\theta & -\sin\theta & 0 \\ \sin\theta & \cos\theta & 0 \\ 0 & 0 & 1 \end{bmatrix} \tag{3.15}$$

따라서 응력의 좌표변환은 다음과 같이 쓸 수 있다.

$$\widehat{\boldsymbol{\sigma}} = \mathbf{Q} \cdot \boldsymbol{\sigma} \cdot \mathbf{Q}^T \tag{3.16}$$

여기서 변환행렬 $\mathbf{Q}$은 다음과 같으며 $\mathbf{Q}^T$는 행렬의 전치(transpose)이다.

$$\mathbf{Q} = \begin{bmatrix} \cos\theta & \sin\theta & 0 \\ -\sin\theta & \cos\theta & 0 \\ 0 & 0 & 1 \end{bmatrix}$$

그러므로 임의의 변환행렬이 주어지면 응력의 변환은 식(3.16)을 수행함으로 계산할 수 있다. 또한, 응력요소의 변환 식을 표시하는데 있어서 동일한 결과를 내는데도 불구하고 식(3.14)를 정의하는 것으로 그치지 않고 식(3.15)로 하여 식(3.16)으로 표시한 것은 텐서연산을 고려한 것으로서 자세한 내용은 11장에서 다루기로 한다.

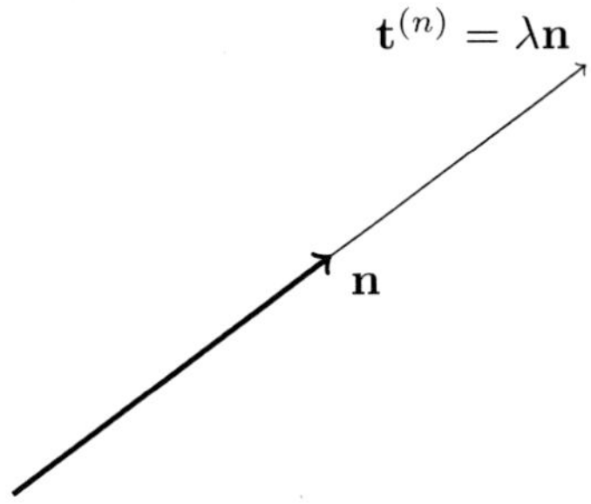

그림 3.6: 응력벡터와 주응력

3.3 주응력

만일 응력벡터가 작용하고 있는 평면의 기울기를 적절하게 조정하면 전단응력 성분이 사라지고 전부 법선응력 성분만으로 표시될 수 있는 평면이 있을 것으로 기대할 수 있으며 이를 주평면(principal plane)이라 하고, 이때의 응력을 주응력(princia-pal stress)이라고 한다. 이때는 그림 3.6에서와 같이 응력벡터 $\mathbf{t}^{(n)}$의 방향과 평면에 수직한 벡터 $\mathbf{n} = (n_1, n_2, n_3)$의 방향이 동일하게 되며 수식으로 다음과 같이 쓸 수 있다.

$$\mathbf{t}^{(n)} = \lambda\mathbf{n} \tag{3.17}$$

여기서 λ는 $\mathbf{n}$방향에서의 응력벡터의 크기이며 이를 주응력(principal stress)이라고 한다. 식(3.7)을 식(3.17)의 좌변에 적용하고 재배열하면

$$(\boldsymbol{\sigma} - \lambda\mathbf{I}) \cdot \mathbf{n} = 0 \tag{3.18}$$

여기서 $\mathbf{I}$는 단위텐서(identity tensor)로서 다음과 같이 정의된다.

$$\mathbf{I} = \begin{bmatrix} 1 & 0 & 0 \\ 0 & 1 & 0 \\ 0 & 0 & 1 \end{bmatrix}$$

따라서 식(3.18)의 연산을 행렬로 표기하면 다음과 같다.

$$\begin{bmatrix} \sigma_{11} & \sigma_{12} & \sigma_{13} \\ \sigma_{21} & \sigma_{22} & \sigma_{23} \\ \sigma_{31} & \sigma_{32} & \sigma_{33} \end{bmatrix} \begin{Bmatrix} n_1 \\ n_2 \\ n_3 \end{Bmatrix} - \lambda \begin{bmatrix} 1 & 0 & 0 \\ 0 & 1 & 0 \\ 0 & 0 & 1 \end{bmatrix} \begin{Bmatrix} n_1 \\ n_2 \\ n_3 \end{Bmatrix} = 0 \tag{3.19}$$

여기서 $\mathbf{n}$은 단위벡터로 정의하게 되므로 다음과 같은 조건을 만족시켜야 한다.

$$n_1^2 + n_2^2 + n_3^2 = 1$$

계속해서 식(3.19)를 성분으로 전개하여 표시하면 다음과 같다.

$$(\sigma_{11} - \lambda)n_1 + \sigma_{12}n_2 + \sigma_{13}n_3 = 0 \tag{3.20}$$

$$\sigma_{21}n_1 + (\sigma_{22} - \lambda)n_2 + \sigma_{23}n_3 = 0 \tag{3.21}$$

$$\sigma_{31}n_1 + \sigma_{32}n_2 + (\sigma_{33} - \lambda)n_3 = 0 \tag{3.22}$$

위의 방정식이 의미 있는 해를 가지기 위해서는 다음과 같은 조건이 반드시 성립되어야 한다.

$$\begin{vmatrix} \sigma_{11} - \lambda & \sigma_{12} & \sigma_{13} \\ \sigma_{21} & \sigma_{22} - \lambda & \sigma_{23} \\ \sigma_{31} & \sigma_{32} & \sigma_{33} - \lambda \end{vmatrix} = 0 \tag{3.23}$$

위의 행렬식은 다음과 같은 특성방정식(characteristic equation)으로 쓸 수 있다.

$$\lambda^3 - I_1\lambda^2 + I_2\lambda - I_3 = 0 \tag{3.24}$$

여기서 I_1, I_2, $_3$는 σ에 대한 불변량(invariant)이 되어 좌표변환과 무관한 양이며 다음과 같이 정의된다.

$$
\begin{aligned}
I_1 &= \operatorname{tr}\boldsymbol{\sigma} = \sigma_{11} + \sigma_{22} + \sigma_{33} \\
I_2 &= \frac{1}{2}\sum_{i=1}^{3}\sum_{j=1}^{3}(\sigma_{ii}\sigma_{jj} - \sigma_{ij}\sigma_{ji}) \\
&= \begin{vmatrix} \sigma_{11} & \sigma_{21} \\ \sigma_{12} & \sigma_{22} \end{vmatrix} + \begin{vmatrix} \sigma_{11} & \sigma_{31} \\ \sigma_{13} & \sigma_{33} \end{vmatrix} + \begin{vmatrix} \sigma_{22} & \sigma_{32} \\ \sigma_{23} & \sigma_{33} \end{vmatrix} \\
I_3 &= \det\boldsymbol{\sigma} = \begin{vmatrix} \sigma_{11} & \sigma_{21} & \sigma_{31} \\ \sigma_{12} & \sigma_{22} & \sigma_{32} \\ \sigma_{13} & \sigma_{23} & \sigma_{33} \end{vmatrix}
\end{aligned}
\tag{3.25}
$$

특성방정식 (3.24)의 3개의 해 λ_1, λ_2, λ_3를 주응력이라고 한다. 유의할 점은 각각의 주응력에 따라 해당하는 평면(주평면)도 달라진다는 점이다. 즉, 일단 주응력의 계산이 끝나면 식(3.20)에서 다음과 같이 주평면의 법선벡터도 계산할 수 있다.

$$
\begin{aligned}
(\sigma_{11} - \lambda_1)n_1^{(1)} + \sigma_{12}n_2^{(1)} + \sigma_{13}n_3^{(1)} &= 0 \\
\sigma_{21}n_1^{(1)} + (\sigma_{22} - \lambda_1)n_2^{(1)} + \sigma_{23}n_3^{(1)} &= 0 \\
\sigma_{31}n_1^{(1)} + \sigma_{32}n_2^{(1)} + (\sigma_{33} - \lambda_1)n_3^{(1)} &= 0
\end{aligned}
\tag{3.26}
$$

위의 연립방정식을 풀면 해당하는 주응력에 속한 주평면의 법선벡터 성분을 구할 수 있으며 $n_2^{(1)}$ 는 첫 번째 주응력 λ_1에 해당하는 주평면에 속한 법선벡터의 성분을 의미한다. 한편, 주평면에서의 응력 성분은 다음과 같이 표시된다.

$$
[\sigma]_{ij} = \begin{bmatrix} \lambda_1 & 0 & 0 \\ 0 & \lambda_2 & 0 \\ 0 & 0 & \lambda_3 \end{bmatrix}
$$

주평면에 대한 단위 법선벡터는 주응력 λ_1, λ_2, λ_3와 일대일로 연관되어 있다. 즉, 단위 법선벡터 $\mathbf{n}^{(1)} = (n_1^{(1)}, n_2^{(1)}, n_3^{(1)})$를 갖는 면에서의 법선응력은 주응력인 λ_1이

라는 의미를 갖는다. 나머지 단위 법선벡터 $\mathbf{n}^{(2)} = (n_1^{(2)}, n_2^{(2)}, n_3^{(2)})$은 λ_2와 대응하고, $\mathbf{n}^{(3)} = (n_1^{(3)}, n_2^{(3)}, n_3^{(3)})$은 λ_3와 결합하여 식(3.26)에서와 유사한 방법으로 구할 수 있다. 유의할 점은 단위 법선벡터의 정의로부터 $n_1^2 + n_2^2 + n_3^2 = 1$의 제한조건을 만족해야 한다는 것이다.

예를 들어, 다음과 같이 주어지는 응력을 사용하여 주응력과 주평면을 구하는 문제를 생각해보자.

$$[\sigma]_{ij} = \begin{bmatrix} 6 & -3 & 0 \\ -3 & 3.5 & 0 \\ 0 & 0 & 0 \end{bmatrix}$$

식(3.23)으로부터 주응력 방정식은 다음과 같이 행렬식으로 주어진다.

$$\begin{vmatrix} 6-\lambda & -3 & 0 \\ -3 & 3.5-\lambda & 0 \\ 0 & 0 & 0-\lambda \end{vmatrix} = 0$$

행렬식을 전개하면 특성방정식 (3.24)는 다음과 같이 주어진다.

$$\lambda^3 - 9.5\lambda^2 + 12\lambda = 0$$

여기서 불변량 $I_1 = 9.5$, $I_2 = 12$, $I_3 = 0$이며 주응력은 $\lambda_1 = 8$, $\lambda_2 = 1.5$, $\lambda_3 = 0$로 계산된다. 첫 번째 주응력 λ_1에 대해서 주평면 계산을 위한 식(3.26)에서 다음과 같이 주어진다.

$$\begin{aligned} -2n_1^{(1)} - 3n_2^{(1)} &= 0 \\ -3n_1^{(1)} - 4.5n_2^{(1)} &= 0 \\ -8n_3^{(1)} &= 0 \end{aligned}$$

위의 연립방정식에서 $n_1^{(1)} = -3/2n_2^{(1)}$, $n_2^{(1)} = n_2^{(1)}$, $n_3^{(1)} = 0$ 이 되므로 여기서 $n_2^{(1)} = 1$로 놓으면 $n_1^{(1)} = -3/2$가 된다. 첫 번째 주응력의 주평면 법선벡터는 $(-3/2, 1, 0)$ 이 되어서 단위 법선벡터 $\mathbf{n}^{(1)} = (-3/\sqrt{13}, 2/\sqrt{13}, 0)$ 으로 된다. 두

번째 주응력 λ_2 에 대해서 주평면 계산을 위한 식(3.26)에서 다음과 같이 주어진다.

$$4.5n_1^{(2)} - 3n_2^{(2)} = 0$$
$$-3n_1^{(2)} + 2n_2^{(2)} = 0$$
$$-1.5n_3^{(2)} = 0$$

위의 연립방정식에서 $n_1^{(2)} = 2/3n_2^{(2)}$, $n_2^{(2)} = n_2^{(2)}$, $n_3^{(2)} = 0$ 이 되므로 여기서 $n_2^{(1)} = 1$로 놓으면 $n_1^{(1)} = 2/3$가 된다. 두 번째 주응력의 주평면 법선벡터는 $(2/3, 1, 0)$이 되어서 단위 법선벡터 $\mathbf{n}^{(2)} = (2/\sqrt{13}, 3/\sqrt{13}, 0)$ 으로 된다. 여기서 세 번째 주응력 λ_3은 크기가 0이므로 더 이상 계산을 진행할 필요가 없게 된다.

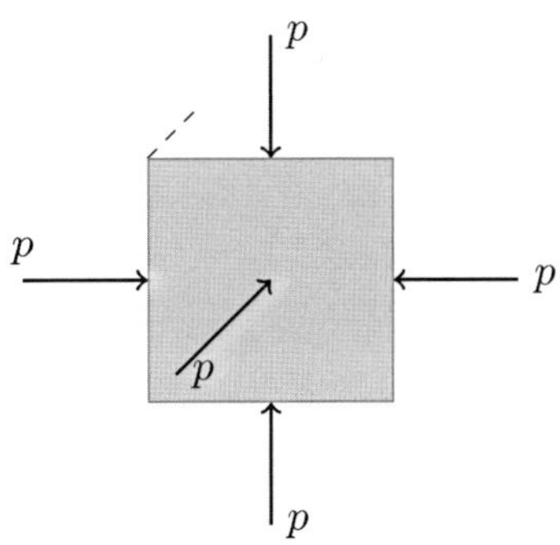

그림 3.7: 정수압이 작용하는 경우

3.4 일탈응력

응용분야에 따라서는 응력을 표시하는데 있어서 정수압(hydrostatic stress) 또는 구형응력(spherical stress)과 일탈응력(deviatoric stress)이라는 성분으로 나누어 표시하는 것이 편리한 때도 있다. 평균응력(mean stress)은 법선응력의 합에 대한 평균값을 지칭하며 다음과 같이 정의된다.

$$\sigma_m = \frac{\sigma_{11} + \sigma_{22} + \sigma_{33}}{3} = \frac{1}{3}\text{tr}\boldsymbol{\sigma} \tag{3.27}$$

한편, 구형응력을 다음과 같이 정의한다.

$$[\widetilde{\sigma}]_{ij} = \begin{bmatrix} \sigma_m & 0 & 0 \\ 0 & \sigma_m & 0 \\ 0 & 0 & \sigma_m \end{bmatrix}$$

또는 벡터로 표기하면 다음과 같다.

$$\widetilde{\boldsymbol{\sigma}} = \sigma_m \mathbf{I}$$

한편, 일탈응력 $\boldsymbol{\sigma}'$은 다음과 같이 정의된다.

$$\boldsymbol{\sigma}' = \boldsymbol{\sigma} - \sigma_m \mathbf{I}$$

일탈응력을 행렬로 표시하면 다음과 같다.

$$\boldsymbol{\sigma}' = \begin{bmatrix} \sigma_{11} - \sigma_m & \sigma_{12} & \sigma_{13} \\ \sigma_{21} & \sigma_{22} - \sigma_m & \sigma_{23} \\ \sigma_{31} & \sigma_{32} & \sigma_{33} - \sigma_m \end{bmatrix} \tag{3.28}$$

위에서 정의한 두 응력의 물리적 의미는 명확하다. 즉, 구형응력은 응력요소 중에서 법선응력의 평균값을 취한 것이므로 그림3.7에서 보는 바와 같이 정수압 $\sigma_{11} = -p$, $\sigma_{22} = -p$, $\sigma_{33} = -p$ 이 작용하는 경우에는 물체에 대하여 모든 법선방향에서 압축으로 작용한다고 볼 수 있으므로 평균응력 σ_m은 다음과 같다.

$$\sigma_m = \frac{\sigma_{11} + \sigma_{22} + \sigma_{33}}{3} = \frac{-p + (-p) + (-p)}{3} = -p$$

따라서 정수압이 작용하는 경우에 있어서의 일탈응력은 식(3.28)에서 다음과 같이 쓸 수 있으며 법선응력 성분이 모두 사라지고 전단응력 성분만이 남게 됨을 알 수 있다.

$$\boldsymbol{\sigma}' = \begin{bmatrix} 0 & \sigma_{12} & \sigma_{13} \\ \sigma_{21} & 0 & \sigma_{23} \\ \sigma_{31} & \sigma_{32} & 0 \end{bmatrix}$$

그러므로 일탈응력은 응력의 성분에서 전단응력 성분만을 고려해야 하는 경우에 편리하게 사용될 수 있으며 주로 소성이론(plastic theory)등에서 많이 사용된다.

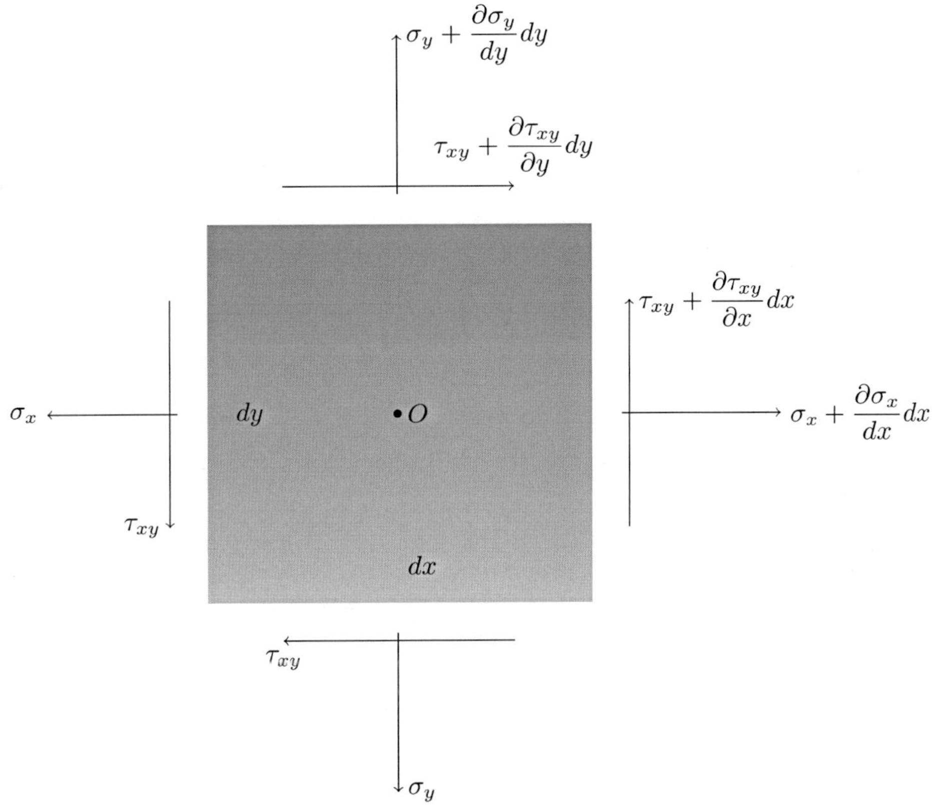

그림 3.8: 평면에서의 응력성분

3.5 힘의 평형식

주어진 힘에 의해서 물체의 내부에서 발생하는 응력은 전체 영역에서 정역학적인 평형을 이루며 존재해야 한다. 여기서는 이를 위해서 힘과 모멘트의 평형 조건을 만족하는 응력의 성분들의 관계를 구하는 내용을 소개하고자 한다. 먼저 그림 3.8에서는 평면에서의 자유물체도에 표시된 응력을 보여주고 있다. 만일, 자유물체도에서 응력이 일정하게 유지된다면, 예를 들어, 음의 x면에서의 법선응력 σ_x과 양의 x면에서의 응력이 동일할 것이다. 그러나 실제로는 위치에 따른 응력의 변화가 생기게 되므로 이를 고려하면 응력은 더 이상 일정하지 않게 된다. 그러므로 위치의 변화에 따른 응력의 변화 $\partial\sigma_x/\partial x$를 고려하여 힘의 평형식을 다음과 같이 구성한다. 먼저 x축 방향으로 작용하고 있는 힘의 합력은 다음과 같이 계산된다.

$$\sum F_x = \left(\sigma_x + \frac{\partial \sigma_x}{\partial x}dx\right)dy - \sigma_x dy + \left(\tau_{yx} + \frac{\partial \tau_{yx}}{\partial y}dy\right)dx - \tau_{yx}dx = 0$$

여기서 체력 b_x은 작용하지 않는다고 가정하였다. 마찬가지로 y축 방향으로의 힘의 합력은 다음과 같다.

$$\sum F_y = \left(\sigma_y + \frac{\partial \sigma_y}{\partial y}dy\right)dx - \sigma_y dx + \left(\tau_{xy} + \frac{\partial \tau_{xy}}{\partial x}dx\right)dy - \tau_{xy}dy = 0$$

위에서 유도한 두 식을 정리하면 다음과 같으며 이를 평형방정식(equilibrium equation)이라고 한다.

$$\begin{aligned} \frac{\partial \sigma_x}{\partial x} + \frac{\partial \tau_{yx}}{\partial y} + b_x &= 0 \\ \frac{\partial \tau_{xy}}{\partial x} + \frac{\partial \sigma_y}{\partial y} + b_y &= 0 \end{aligned} \tag{3.29}$$

또한, 응력은 힘에 의한 모멘트의 평형도 반드시 만족시키도록 되어야 하므로 이에 대한 내용도 살펴보아야 한다. 그림 3.8에서의 요소의 중점 O 에 대하여 모멘트 식을 구성하면 다음과 같다.

$$
\begin{aligned}
\sum M_o = &-\left(\sigma_x + \frac{\partial \sigma_x}{\partial x}dx\right) dy\frac{dy}{2} + \sigma_x dy\frac{dy}{2} \\
&+\left(\sigma_y + \frac{\partial \sigma_y}{\partial y}dy\right) dx\frac{dx}{2} - \sigma_y dx\frac{dx}{2} \\
&+\left(\tau_{xy} + \frac{\partial \tau_{xy}}{\partial x}dx\right) dydx - \tau_{xy}dydx \\
&-\left(\tau_{yx} + \frac{\partial \tau_{yx}}{\partial y}dy\right) dxdy + \tau_{yx}dxdy = 0
\end{aligned}
$$

위식에서 작은 값인 삼중 곱의 결과를 무시하면 다음과 같은 관계를 얻는다.

$$\tau_{xy} = \tau_{yx}$$

마찬가지로 3차원 물체의 경우 모멘트의 평형식을 각 축에 대하여 적용하면 다음과 같다.

$$\tau_{xy} = \tau_{yx}, \quad \tau_{xz} = \tau_{zx}, \quad \tau_{yz} = \tau_{zy}$$

위의 결과로부터 자유물체에서의 정역학적 평형조건을 만족하게 되어 응력의 대칭성을 얻게 되었음을 알 수 있다. 3차원 응력요소를 고려하여 위에서와 같은 방법을 수행하면 3차원 평형 방정식은 다음과 같이 주어진다.

$$
\begin{aligned}
&\frac{\partial \sigma_x}{\partial x} + \frac{\partial \tau_{yx}}{\partial y} + \frac{\partial \tau_{zx}}{\partial y} + b_x = 0 \\
&\frac{\partial \tau_{xy}}{\partial x} + \frac{\partial \sigma_y}{\partial y} + \frac{\partial \tau_{zy}}{\partial x} + b_y = 0 \\
&\frac{\partial \tau_{zx}}{\partial x} + \frac{\partial \tau_{zy}}{\partial y} + \frac{\partial \sigma_z}{\partial z} + b_z = 0
\end{aligned} \tag{3.30}
$$

연습문제

1. 물체의 한 점에서의 응력을 유일하게 정의하기 위해서 필요한 사항은 어떤 것들이 있는가? 물체의 한 점을 지나는 평면은 무수하게 많다. 임의의 평면에서 작용하고 있는 응력벡터는 해당되는 벡터의 성분들로 어떻게 정의될 수 있는가를 설명하시오.

2. 응력벡터와 응력텐서에 대해서 설명하시오.

3. 응력이 다음과 같이 주어질 때, 법선벡터가 $\mathbf{n} = (3, 1, 2)$로 표시되는 평면에서의 응력벡터를 구하시오.

$$[\sigma]_{ij} = \begin{bmatrix} 1 & 2 & 3 \\ 2 & 1 & 1 \\ 3 & 1 & 6 \end{bmatrix}$$

4. 세 점(3,0,0), (0,3,0), (0,0,3)을 지나는 평면의 방정식을 작성하고 평면에 대한 단위법선 벡터 $\mathbf{n}$ 을 구하시오. 또한 그 평면의 한 점에서의 응력이 다음과 같이 주어질 때 응력벡터를 구하시오.

$$[\sigma]_{ij} = \begin{bmatrix} -1 & 3 & 2 \\ 3 & -1 & 1 \\ 2 & 1 & 2 \end{bmatrix}$$

5. 세 점(2,0,0), (0,3,0), (0,0,2)을 지나는 평면의 방정식을 작성하고 평면에 대한 단위법선 벡터 $\mathbf{n}$ 을 구하시오. 또한 그 평면의 한 점에서의 응력이 다음과 같이 주어질 때 응력벡터를 구하시오.

$$[\sigma]_{ij} = \begin{bmatrix} 1 & 0 & -1 \\ 0 & -1 & 1 \\ -1 & 1 & -1 \end{bmatrix}$$

6. 단위 법선벡터가 $\mathbf{n} = (1/\sqrt{2}, 1/\sqrt{2}, 0)$ 와 같이 주어지는 평면의 한 점에서 응력벡터 $\mathbf{t}^{(n)} = -5\mathbf{e}_1 + 3\mathbf{e}_2 + 4\mathbf{e}_3$가 작용하고 있을 때 다음 질문에 답하시오.

   a) 평면에 수직인 응력벡터의 성분을 구하시오.

   b) 응력벡터의 크기를 계산하시오.

   c) 응력벡터와 단위 법선벡터가 이루는 각도 θ를 구하시오.

7. 단위 법선벡터가 $\mathbf{n} = (1/\sqrt{3}, 1/\sqrt{3}, 1/\sqrt{3})$ 와 같이 주어지는 평면의 한 점에서 응력벡터 $\mathbf{t}^{(n)} = 2\mathbf{e}_1 - \mathbf{e}_2 - 3\mathbf{e}_3$가 작용하고 있을 때 다음 질문에 답하시오.

   a) 평면에 수직인 응력벡터의 성분을 구하시오.

   b) 응력벡터의 크기를 계산하시오.

   c) 응력벡터와 단위 법선벡터가 이루는 각도 θ를 구하시오.

8. 반지름이 1인 원형의 얇은 디스크 원주에서의 한 점 $(1/\sqrt{2}, 1/\sqrt{2})$에서의 응력이 다음과 같이 주어졌을 때 응력벡터를 계산하시오.

$$[\sigma]_{ij} = \begin{bmatrix} 2 & 0 & -1 \\ 0 & 3 & 1 \\ -1 & 1 & 2 \end{bmatrix}$$

9. 반지름이 1이며 길이가 3인 원형단면을 가지는 원통이 있다. 원통의 원주에서의 한 점 $(1/\sqrt{2}, 1/\sqrt{2}, 1/2)$에서의 응력이 다음과 같이 주어졌을 때 응력벡터를 계산하시오.

$$[\sigma]_{ij} = \begin{bmatrix} 2 & 0 & -1 \\ 0 & 3 & 1 \\ -1 & 1 & 2 \end{bmatrix}$$

10. 응력과 변환행렬 $(\theta = \pi/3)$이 다음과 같이 주어졌을 때 변환된 응력을 계산하시오.

$$[\sigma]_{ij} = \begin{bmatrix} 2 & 0 & -1 \\ 0 & 3 & 1 \\ -1 & 1 & 2 \end{bmatrix}, \qquad \mathbf{Q} = \begin{bmatrix} \cos\theta & \sin\theta & 0 \\ -\sin\theta & \cos\theta & 0 \\ 0 & 0 & 1 \end{bmatrix}$$

11. 응력과 변환행렬이 다음과 같이 주어졌을 때 변환된 응력을 계산하시오.

$$[\sigma]_{ij} = \begin{bmatrix} 2 & 0 & -1 \\ 0 & 3 & 1 \\ -1 & 1 & 2 \end{bmatrix}, \qquad \mathbf{Q} = \begin{bmatrix} 1 & 0 & 0 \\ 0 & 1 & 0 \\ 0 & 0 & -1 \end{bmatrix}$$

12. 다음에 주어진 응력을 사용하여 주응력을 계산하시오.

$$[\sigma]_{ij} = \begin{bmatrix} 2 & 0 & -1 \\ 0 & 3 & 1 \\ -1 & 1 & 2 \end{bmatrix}$$

13. 다음에 주어진 응력을 사용하여 주응력과 주평면을 계산하시오.

$$[\sigma]_{ij} = \begin{bmatrix} 2 & 0 & -1 \\ 0 & 3 & 1 \\ -1 & 1 & 2 \end{bmatrix}$$

14. 다음에서 주어진 응력을 정수압 응력과 일탈응력 성분으로 나누어 표시하시오.

$$[\sigma]_{ij} = \begin{bmatrix} 2 & 3 & 1 \\ 3 & 1 & 5 \\ 1 & 5 & 2 \end{bmatrix}$$

15. 응력성분들이 다음과 같이 주어졌을 때 평형방정식을 만족하는지 확인하시오.

$$\sigma_x = 3x^3y - 2xy + y$$
$$\sigma_y = 5xy^3 - 2x^3y$$
$$\tau_{xy} = -x^2y^2 + 5y^2 + 3x^4$$

16. 응력성분들이 다음과 같이 주어졌을 때 평형방정식을 만족하는지 확인하시오.

$$\sigma_x = 3x^4 + 2xy + xy$$
$$\sigma_y = xy^2 + 2x^3y$$
$$\tau_{xy} = -5x^2y^2 - xy^2 - x^2y$$

17. 2차원 응력요소를 택하여 체력을 고려한 평형 방정식인 식(3.29)을 유도하시오.

18. 2차원 응력요소에 대하여 모멘트 평형식을 유도하되 체력(body force)을 고려하여 유도하고 식(3.30)과 비교하시오.

제4장 변형률-변위 관계식

- 변형률의 정의와 종류(strains)
- 변형률-변위 관계식(strain-displacement relation)
- 적합방정식(compatibility equations)
- 변형률의 변환(strain transformation)

4.1 변위와 변형률

물체를 연속체로 취급하여 해석할 때 힘에 의한 물체의 변형과 운동은 (normal strain), (shear strain), 그리고 (rigid-body rotation) 등을 사용하여 설명할 수 있다. 그러나 실제로는 물체의 변형과 운동이 개별적으로 발생하는 경우는 거의 없다. 선형탄성론에서는 물체의 변형이 충분히 작다고 가정하고 이를 통해서 중첩의 원리를 적용하여 복잡한 변형의 문제를 보다 간단한 유형으로 분리하여 생각하고 후에 중첩하여 통합적인 해를 얻도록 하는 방법을 사용한다. 이번 장에서는 물체의 변형과 변위의 개념을 이해하고 그에 따른 변형률-변위 관계식을 유도하고자 한다.

물체내의 임의의 한 점을 질점(material point)이라고 한다. 질점은 하나의 분자를 가리킬 수도 있으나 물체를 연속체로 간주하게 되므로 비록 한 점이라고 하여도 수많은 분자들의 집합이라고 생각할 수 있다. 해석의 편의상 한 점으로 보는 것이다. 그림 4.1에서 나타내었듯이 변위 $\mathbf{u}$는 질점 P가 움직인 위치에 대한 내용이며 다음과 같이 정의한다.

$$\mathbf{u} = \mathbf{x} - \mathbf{X}$$

만일 변위가 상당히 작다고 가정하면 $\|\mathbf{u}\| \ll 1$, 질점의 초기 위치 $\mathbf{X}$와 나중 위치

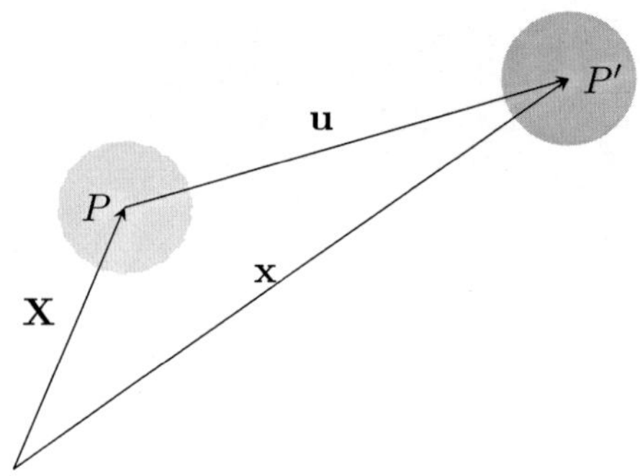

그림 4.1: 변위의 정의

$\mathbf{x}$가 거의 같다고 볼 수 있다. 즉, $\mathbf{x} \approx \mathbf{X}$이 되므로 변위의 크기가 충분하게 작은 경우만 고려하게 되는데 일반적으로 탄성론에서는 이러한 미소변형(infinite deformation)의 가정 하에 관계식을 전개해 나가게 된다. 만일 변위의 크기가 큰 경우에는 유한변형이론(finite deformation theory)을 도입하여야 한다.

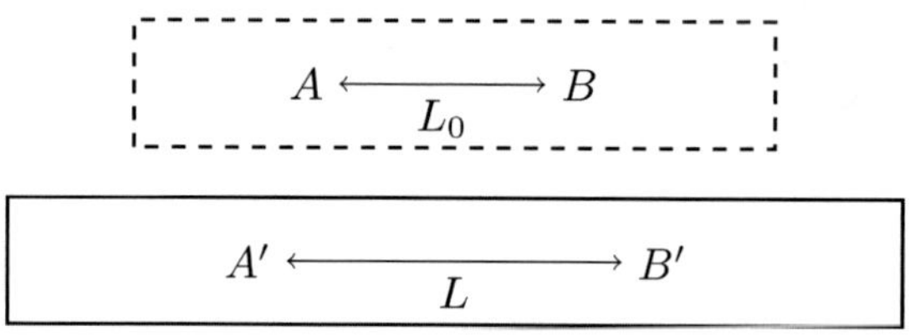

그림 4.2: 변형률의 정의

이번에는 변형률에 대한 정의에 대해서 알아보고자 한다. 그림 4.2에서 보는 바와 같이 L_0만큼의 간격을 두고 두 점 A와 B를 지정한 후 인장을 수행한 후의 이동된 위치를 각각 A'와 B'라고 하면 두 점의 간격은 이제 L이 되므로 축방향의 변형률을 다음과 같이 정의한다.

$$\varepsilon = \frac{L - L_0}{L_0} = \frac{\Delta L}{L_0}$$

여기서 정의된 변형률은 점 A의 변형률로 간주됨을 유의한다. 앞에서 살펴본 막대의 변형률과 달리 실제 물체의 변형률은 간단하게 결정할 수 없으며 응력과 유사하게 질점의 위치와 그 점을 통과하는 평면에 의해서 결정된다. 그러므로 한 점에서의 변형률을 정의하기 위한 체계적인 방법을 살펴보기로 한다.

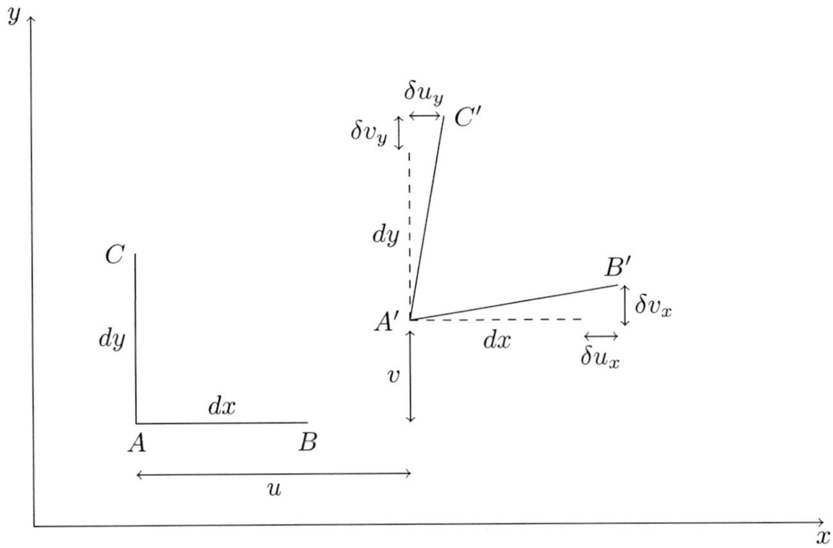

그림 4.3: 법선변형률과 전단변형률

변형률의 정의

앞에서는 1차원 막대에서의 변형률에 대하여 알아보았다. 일반적인 변형률은 물체 내의 두 개의 직교하는 선 요소(line element)의 상대적인 운동에 따라 결정된다. 물체가 변형하였을 때, 두 개의 선 요소가 만들어 낼 수 있는 변화는 첫 번째는 선 요소의 길이 변화이며 두 번째는 두 선 요소가 이루는 각도의 변화이다. 길이변화에 관한 변형률을 법선변형률(normal strain)이라 하고, 각도변화에 관한 것을 전단변형률(shear strain)이라고 한다. 그림 4.3에서 보는 바와 같이 세 점 A, B, C가 만드는 두 개의 직교하는 선 요소 AB, AC 를 사용하여 변형률을 설명하기로 한다. 그림에서 $\delta u_x = (\partial u/\partial x)dx$, $\delta v_x = (\partial v/\partial x)dx$, $\delta u_y = (\partial u/\partial y)dx$, $\delta u_y = (\partial v/\partial y)dy$. 먼저, 법선변형률 ε_x와 ε_y를 다음과 같이 각각 정의한다.

$$\varepsilon_x = \frac{A'B' - AB}{AB}, \qquad \varepsilon_y = \frac{A'C' - AC}{AC}$$

한편, 전단변형률 γ_{xy}는 다음과 같이 정의한다.

$$\gamma_{xy} = \alpha + \beta$$

여기서 $\alpha = \partial v/\partial x$로서 선 요소 $A'B'$와 수평축이 이루는 각도이며, $\beta = \partial u/\partial y$로서 선 요소 $A'C'$가 수직축과 이루는 각도이다. 한편 두 선 요소가 이루는 각도를 θ라 하면 전단변형률은 다음과 같이 표시할 수 있다.

$$\gamma_{xy} = \frac{\pi}{2} - \theta \tag{4.1}$$

변형률을 정의할 때 인지해야 할 중요한 사실은 강체운동(rigid-body motion)에 관한 것이다. 결과적으로 강체운동은 변형을 동반하지 않으므로 변형률의 계산에 영향을 미쳐서는 안 된다. 이에 대해서는 다음 절에서 조금 더 다루도록 할 것이다.

변형률-변위식의 유도

앞에서는 기하학적인 관점에서 변형률을 정의하였다. 이번에는 수학적인 관점에서 변형률을 정의하면서 아울러서 변형률과 변위의 관계도 알아보고자 한다.

법선변형률

앞서 3장에서 소개하였던 응력의 경우와 유사한 방법으로 한 점에서의 변형률을 정의하기 위해서 질점을 포함하는 미소 사각형 요소 $ABCD$를 그림4.3에서와 같이 고려한다. 변형이 일어나서 사각형 요소의 네 점의 위치가 $A'B'C'D'$로 각각 변화되었다고 가정하자. 사각형 요소의 한 점 A를 기준으로 보면 두 개의 기본 변위인 수평변위 $u = u(x, y)$와 수직변위 $v = v(x, y)$를 각각 얻게 된다. 한편, 점 A에서 수평방향으로 dx만큼 떨어진 거리에 있는 점 B의 변위 $u(x + dx, y)$는 Taylor 급수를 사용하여 다음과 같이 표시할 수 있다.

$$u(x + dx, y)_B = u(x, y)_A + \frac{\partial u}{\partial x}dx + \cdots$$

고차 항을 무시하면 점 B의 변위는 다음과 같이 되며

$$u_B = u + \frac{\partial u}{\partial x}dx$$

미소변위를 고려하면 $(\partial v/\partial x)dx \approx 0$ 라고 볼 수 있으므로 $A'B'$는 다음과 같이 주어진다.

$$A'B' = dx + \frac{\partial u}{\partial x}dx$$

따라서 법선변형률 ε_x는 다음과 같이 결정된다.

$$\varepsilon_x = \frac{A'B' - AB}{AB} = \frac{(dx + \partial u/\partial x dx) - dx}{dx} = \frac{\partial u}{\partial x} \tag{4.2}$$

이번에는 변형으로 인해서 점 A가 $v = v(x, y)$만큼의 변위를 가지게 되었다면 점 C의 변위 $v(x, y + dy)$는 점 A에서 dy만큼 떨어진 거리에 있으므로 Taylor 급수를 사용하여 다음과 같이 표시할 수 있다.

$$v_C = v + \frac{\partial v}{\partial y} dy + \cdots$$

따라서 $A'C'$는 다음과 길다.

$$A'C' = dy + \frac{\partial v}{\partial y} dy$$

법선변형률 ε_y는 다음과 같이 결정된다.

$$\varepsilon_y = \frac{A'C' - AC}{AC} = \frac{(dy + \partial v/\partial y dy) - dy}{dy} = \frac{\partial v}{\partial y} \tag{4.3}$$

이번에는 전단변형률 γ_{xy}를 정의해본다. 변형된 요소에서 $A'B'$와 수평축이 이루는 각도를 α, $A'C'$와 수직축이 이루는 각도를 β라고 하면 그림을 참조하여 다음과 같은 관계식을 얻을 수 있다.

$$\tan\alpha = \frac{(\partial v/\partial x)dx}{dx} = \frac{\partial v}{\partial x} \tan\beta \qquad\qquad = \frac{(\partial u/\partial y)dy}{dy} = \frac{\partial u}{\partial y}$$

변형이 작다고 가정하면, $\tan\alpha \approx \alpha$, $\tan\alpha \approx \alpha$ 가 성립되므로 전단변형률은 식에서 정의한 바와 같이 다음과 같다.

$$\gamma_{xy} = \alpha + \beta = \frac{\partial v}{\partial x} + \frac{\partial u}{\partial y} \tag{4.4}$$

변형률의 부호

변형률의 부호 결정은 정확한 변형을 이해하는데 있어서 필수적이다. 법선변형률은 응력의 경우와 마찬가지로 작용하는 면에서의 법선벡터의 방향과 일치하면 양(+)의 변형률로 하고, 방향이 반대이면 음(-)의 변형률로 간주한다. 한편, 전단변형률은 변형률 요소에서 직각을 이루고 있는 두 선 요소, AB와 AC가 이루는 각인 θ의 변화로 정의된다. 만일 변화된 두 선 요소가 이루는 각도 θ가 직각보다 작게 되면 그때의 전단변형률 γ_{xy}은 양의 부호를 취하고, 반면에 직각보다 큰 각도로 가게 되면 음의 부호를 가지게 된다. 즉, 그림 4.3에서 보는 바와 같이 x축과 y축 사이의 각을 줄어들게 하는 방향으로 가면 양의 부호로 하고, 사잇각의 크기를 증가시키는 방향으로 가면 음의 부호를 가지게 되며 식(4.1)을 통해서 명확하게 규정할 수 있다.

변형에 대한 고찰

변위는 단순한 질점의 위치 변화로 정의되기는 하지만 그보다 복잡한 여러 가지 요소를 포함하고 있다. 한 점에서의 변위를 $u = u(x, y)$ 로 놓고 전미분(total differential) du를 고려하면 다음과 같다.

$$du = \frac{\partial u}{\partial x}dx + \frac{\partial u}{\partial y}dy$$

위식은 다음과 같이 고쳐 쓸 수 있다.

$$du = \frac{\partial u}{\partial x}dx + \frac{1}{2}\left(\frac{\partial u}{\partial y} + \frac{\partial v}{\partial x}\right)dy + \frac{1}{2}\left(\frac{\partial u}{\partial y} - \frac{\partial v}{\partial x}\right)dy \tag{4.5}$$

여기서 우변의 첫 번째 항은 법선변형률 ε_x이며, 두 번째 항은 전단변형률과 관련되고, 마지막 항은 회선(rotation) ω_z을 나타내는 항이 되며 두 회전각의 평균값으로 정의하여 다음과 같이 나타낸다.

$$\omega_z = \frac{1}{2}\left(\frac{\partial v}{\partial x} - \frac{\partial u}{\partial y}\right)$$

만일 변형 시에 두 각도 α와 β의 값이 동일하고 같은 방향으로 회전하였다면 강체회전(rigid -body rotation)이 되며 이때 회전 항은 사라지게 되어 변형률에 영향을 주지 않게 되는데 강체운동에 의한 변형은 없어야 물리적으로 타당하기 때문이다. 위의 결과들을 종합하여 식(4.5)를 다시 표시해 보면 다음과 같다.

$$du = \underbrace{\varepsilon_x}_{\text{법선 변형률}} dx + \frac{1}{2}\underbrace{\gamma_{xy}}_{\text{전단변형률}} dy - \underbrace{\omega_z}_{\text{회전}} dy$$

여기서 우변의 첫 번째와 두 번째 항은 변형률 ε_x와 γ_{xy} 을 각각 나타내고 세 번째 항은 회전을 의미한다. 회전 ω_z은 dx의 평균 회전을 의미한다. 동일한 방법으로 변위 v에 대해서도 다음과 같은 식이 성립됨을 알 수 있다.

$$dv = \varepsilon_y dy + \frac{1}{2}\gamma_{xy} dx + \omega_z dx$$

위의 결과로 알 수 있는 것은 한 점에서의 변형은 법선변형률 ε과 전단 변형률 γ 그리고 회전 ω에 의해서 규정되어 진다는 것이다.

4.2 변형률-변위 방정식

앞에서 유도한 식(4.2), (4.3), (4.4) 등을 참조하여 변형률-변위 방정식은 다음과 같이 정리할 수 있으며 기하하적 대칭조건에 의해서 $\gamma_{xy} = \gamma_{yx}$, $\gamma_{yz} = \gamma_{zy}$, $\gamma_{zx} = \gamma_{xz}$ 이 성립된다. 또한 3차원 문제에서는 일반적으로 모든 변위가 각 좌표의 함수로 주어진다는 점을 유의해야 한다. 즉, 직교좌표계에서는 $u = u(x, y, z)$, $v = v(x, y, z)$, $w = w(x, y, z)$로 주어진다.

$$\begin{aligned}
\varepsilon_x &= \frac{\partial u}{\partial x} \\
\varepsilon_y &= \frac{\partial v}{\partial y} \\
\varepsilon_z &= \frac{\partial w}{\partial z} \\
\gamma_{xy} &= \frac{\partial v}{\partial x} + \frac{\partial u}{\partial y} \\
\gamma_{yz} &= \frac{\partial w}{\partial y} + \frac{\partial v}{\partial z} \\
\gamma_{zx} &= \frac{\partial u}{\partial z} + \frac{\partial w}{\partial x}
\end{aligned} \tag{4.6}$$

4.3 적합방정식

변위와 변형률의 관계를 논할 때 적합방정식(compatibility equations)이 필요하게 된 이유는 변위(3개)와 변형률(6개)의 개수가 맞지 않기 때문이다. 그러므로 변위와 변형률 사이에서 유일한 관계식을 이끌어 낼 수가 없게 된다. 만일, 변위 u, v, w

가 주어지면 변형률은 식(4.6)에 의해서 구해질 수 있다. 반면에 변형률이 주어질 때에는 변위의 값이 유일하지 않게 되어 올바른 값을 구하기가 어렵게 된다. 따라서 이러한 관계를 유일하게 만드는 것이 적합방정식의 역할이 되며 제안한 사람의 이름을 따서 Saint Venant의 적합방정식이라고도 한다. 적합방정식을 유도하기 위해서 먼저 식(4.6)의 첫 번째 식을 y에 대하여 두 번 미분하고, 두 번째 식을 x에 대하여 두 번 미분하여 두 항을 합하면 다음과 같은 결과를 얻는다.

$$\frac{\partial^2 \varepsilon_x}{\partial y^2} + \frac{\partial^2 \varepsilon_y}{\partial x^2} = \frac{\partial^3 u}{\partial^2 y \partial x} + \frac{\partial^3 v}{\partial^2 x \partial y} \tag{4.7}$$

이번에는 식(4.6)의 네 번째 식을 x와 y에 대하여 한 번씩 미분하면 다음과 같다.

$$\frac{\partial^2 \gamma_{xy}}{\partial x \partial y} = \frac{\partial^2}{\partial x \partial y}\left(\frac{\partial v}{\partial x} + \frac{\partial u}{\partial y}\right) \tag{4.8}$$

식(4.7)과 식(4.8)을 비교하면 다음과 같은 결과를 얻어낼 수 있다.

$$\frac{\partial^2 \varepsilon_x}{\partial y^2} + \frac{\partial^2 \varepsilon_y}{\partial x^2} = \frac{\partial^2 \gamma_{xy}}{\partial x \partial y} \tag{4.9}$$

식(4.6)에서 관계식들에 대하여 유사한 방식으로 진행하면 다음과 같은 적합방정식을 얻을 수 있으며 변형률이 주어졌을 때 연속적이며 유일한 변위를 보장하기 위해서는 모든 변형률은 적합방정식을 반드시 만족해야 한다.

$$\begin{aligned}
\frac{\partial^2 \varepsilon_x}{\partial y^2} + \frac{\partial^2 \varepsilon_y}{\partial x^2} &= \frac{\partial^2 \gamma_{xy}}{\partial x \partial y} \\
\frac{\partial^2 \varepsilon_y}{\partial z^2} + \frac{\partial^2 \varepsilon_z}{\partial y^2} &= \frac{\partial^2 \gamma_{yz}}{\partial y \partial z} \\
\frac{\partial^2 \varepsilon_z}{\partial x^2} + \frac{\partial^2 \varepsilon_x}{\partial z^2} &= \frac{\partial^2 \gamma_{xz}}{\partial x \partial z} \\
2\frac{\partial^2 \varepsilon_x}{\partial y \partial z} &= \frac{\partial}{\partial x}\left(-\frac{\partial \gamma_{yz}}{\partial x} + \frac{\partial \gamma_{xz}}{\partial y} + \frac{\partial \gamma_{xy}}{\partial z}\right) \\
2\frac{\partial^2 \varepsilon_y}{\partial z \partial x} &= \frac{\partial}{\partial y}\left(\frac{\partial \gamma_{yz}}{\partial x} - \frac{\partial \gamma_{xz}}{\partial y} + \frac{\partial \gamma_{xy}}{\partial z}\right) \\
2\frac{\partial^2 \varepsilon_z}{\partial x \partial y} &= \frac{\partial}{\partial z}\left(\frac{\partial \gamma_{yz}}{\partial x} + \frac{\partial \gamma_{xz}}{\partial y} - \frac{\partial \gamma_{xy}}{\partial z}\right)
\end{aligned} \tag{4.10}$$

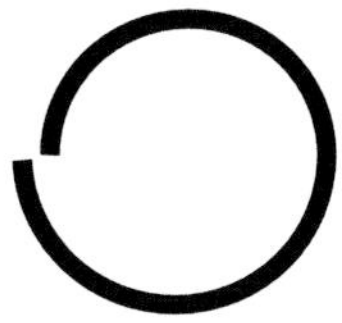

그림 4.4: 변위의 연속성과 변형률의 관계

적합방정식의 의미

그림 4.4에서와 같이 잘라진 물체를 다시 하나로 맞추기 위해서는 조각 간의 모든 변위가 연속적이어야 하는데 변위-변형률의 관계가 유일함을 보장하지 못한다면 나누어진 조각은 원래대로의 모습처럼 구성되지 못하게 된다. 그러므로 적합방정식은 연속적인 변위를 보장하기 위해서 변형률이 만족해야 할 조건을 규정해 놓은 것으로 이해될 수 있다. 또한, 적합방정식의 필요성을 직관적으로 생각해보면 3개의 변위 u, v, w에 대하여 식(4.6)에서 보는 바와 같이 변형률에 대한 식이 6개가 주어진다. 그러므로 변형률은 독립변수가 되지 못하므로 별도의 조건이 필요하게 된다. 따라서 적합방정식을 통하여 그에 따른 부조화를 해결하는 것이다. 예를 들어, 2차원 문제에서 변위가 $u(x,y) = 3x$ 으로 주어졌다면 변형률은 $\varepsilon_x = \partial u/\partial x = 3$ 으로 확정지을 수 있다. 반면에, 변형률이 $\varepsilon_x = 3$으로 주어진 경우 변위는 $u = 3x + f(y)$ 가 되며 $f(y)$는 적분상수이다. 그런데 $f(y)$는 임의의 함수가 되므로 어떤 값이라도 취할 수 있다. 즉, $f(y) = 0$이면 변위는 $u = 3x$ 가 되지만 $f(y) = 4$ 라면 $u = 3x+4$가 되고, $f(y) = y^2$ 이라면 $u = 3x + y^2$ 이 된다. 그러므로 변위가 유일하게 정의되지 않게 되므로 이에 대한 해결책으로서 변형률의 자유도를 제한할 수 있는 적합방정식이 필요하다. 결과적으로, 2차원 문제에서 ε_x, ε_y, γ_{xy} 3개의 변형률은 서로에게 종속관계가 됨으로 실제로는 2개의 변위 u, v 와 동일한 개수로 된다.

4.4 변형률의 변환

응력과 마찬가지로 변형률도 작용하는 면에 따라서 성분이 달라지므로 적절한 변환식이 필요하며 변형률도 변환을 위해서는 두 번의 변환과정을 거쳐야 한다. 따라서은 식 (3.16)을 참조하여 다음과 같이 정의된다.

$$\widehat{\boldsymbol{\varepsilon}} = \mathbf{Q} \cdot \boldsymbol{\varepsilon} \cdot \mathbf{Q}^T$$

만일 z축을 중심으로 하여 반시계반향으로 θ만큼 회전한 변환을 고려하면 변환 전의 변형률 ε_1, ε_y, γ_{xy}와 변환 후의 변형률 $\widehat{\varepsilon}_x$, $\widehat{\varepsilon}_y$, $\widehat{\gamma}_{xy}$ 사이의 관계식은 다음과 같이 주어진다.

$$\begin{aligned}
\widehat{\varepsilon}_x &= \varepsilon_x \cos^2\theta + \varepsilon_y \sin^2\theta + \gamma_{xy} \sin\theta\cos\theta \\
\widehat{\varepsilon}_y &= \varepsilon_x \sin^2\theta + \varepsilon_y \cos^2\theta - \gamma_{xy} \sin\theta\cos\theta \\
\widehat{\gamma}_{xy} &= -(\varepsilon_x - \varepsilon_y)\sin 2\theta + \gamma_{xy}\cos 2\theta
\end{aligned}$$

또는, 위에서 정리한 공학변형률을 다시 행렬로 표시하면 다음과 같다.

$$\begin{bmatrix} \widehat{\varepsilon}_{11} & \widehat{\varepsilon}_{12} & 0 \\ \widehat{\varepsilon}_{12} & \widehat{\varepsilon}_{22} & 0 \\ 0 & 0 & 1 \end{bmatrix} = \begin{bmatrix} \cos\theta & \sin\theta & 0 \\ -\sin\theta & \cos\theta & 0 \\ 0 & 0 & 1 \end{bmatrix} \begin{bmatrix} \varepsilon_{11} & \varepsilon_{12} & 0 \\ \varepsilon_{12} & \varepsilon_{22} & 0 \\ 0 & 0 & 1 \end{bmatrix} \begin{bmatrix} \cos\theta & -\sin\theta & 0 \\ \sin\theta & \cos\theta & 0 \\ 0 & 0 & 1 \end{bmatrix}$$

여기서 변환행렬은 다음과 같다.

$$[Q]_{ij} = \begin{bmatrix} \cos\theta & \sin\theta & 0 \\ -\sin\theta & \cos\theta & 0 \\ 0 & 0 & 1 \end{bmatrix}$$

연습문제

1. 물체의 표면에 두 개의 점 $A = (1.0, 0.5)$, $B = (1.5, 0.5)$ 을 사용하여 선 요소 AB를 고려하고, 변형 후의 각 점의 좌표가 $A = (1.2, 0.5)$, $B = (1.7, 0.5)$ 로 측정되었을 때, 이 변형에 대해서 설명하고 해당하는 변형률을 계산하시오.

2. 물체의 표면에 세 개의 점 $A = (0.1, 0.1)$, $B = (0.11, 0.1)$, $C = (0.1, 0.11)$ 을 사용하여 직각을 이루는 두개의 선 요소 AB와 AC를 고려하기로 한다. 이때 변형이 일어났을 때의 좌표가 $A' = (0.101, 0.102)$, $B' = (0.12, 0.104)$,

$C' = (0.13, 0.07)$ 이다. 이때의 변형률 ε_x, ε_y, γ_{xy}를 계산하시오.

3. 변위가 0이 되는 점에서 변형률도 반드시 0이 되는가? 만일 가능하다면 예를 들어보시오.

4. 한 점의 변위가 $u = -2x^2y$, $v = xy^2$ 로 각각 주어질 때 전단변형률 γ_{xy}와 회전 ω_z를 구하시오.

5. 사각형 요소 $ABCD$에서 변형 후에 두 선 요소 AB와 AC사이의 각도가 $\alpha = \beta$가 되는 변형이 발생하였다. 이 변형에 대해서 설명하시오.

6. 변형률이 $\varepsilon_x = x^3 + y^3$, $\varepsilon_y = 2y^3 - x^2$, $\gamma_{xy} = 5x^3y^2$, $\varepsilon_z = 0$, $\gamma_{yz} = \gamma_{zx} = 0$ 일 때 적합성이 성립되는지를 판별하시오.

7. 변형률이 $\varepsilon_x = 4x^3$, $\varepsilon_y = 2xy^2$, $\gamma_{xy} = -3x^2y$로 주어졌을 때 적합성이 성립되는지를 판별하시오.

제5장 응력-변형률 관계식

- 구성방정식(constitutive equaiton)
- 체적계수(bulk modulus)

5.1 구성방정식

선형 탄성재료

앞에서 다루었던 응력과 변형률 그리고 변위에는 재료의 특성에 따른 고려가 전혀 없었다. 단지, 변형의 크기가 상당히 작다는 가정만을 채택하였다. 힘이 작용할 때 재료의 변형을 알아내기 위해서는 응력과 변형률의 상관관계를 알고 있어야 하며 이것은 당연하게도 재료마다 다르다. 응력-변형률 관계식은 구성방정식(constitutive equation)이라고도 하며 탄성론에 있어서 핵심적인 내용의 하나이다.

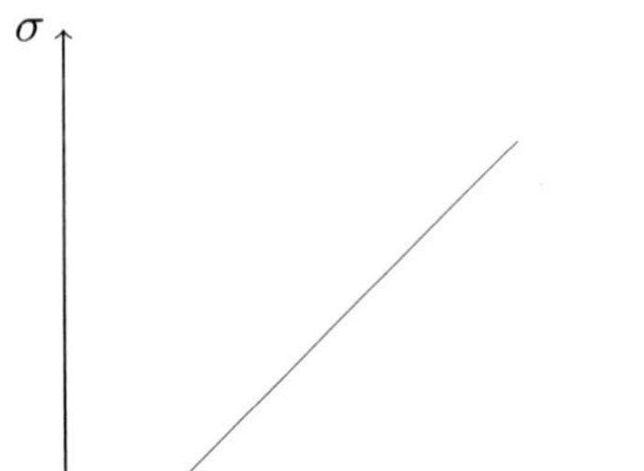

그림 5.1: 선형 탄성재료에서의 응력-변형률 관계

그림 5.1에서 보듯이 탄성재료(elastic materials)에서는 응력과 변형률의 관계

가 유일하게 결정되므로 변위와 힘의 이력(history)은 무관하게 된다. 또한, 힘을 제거하는 동시에 변형된 형상에서 원래의 형상으로 복귀한다.

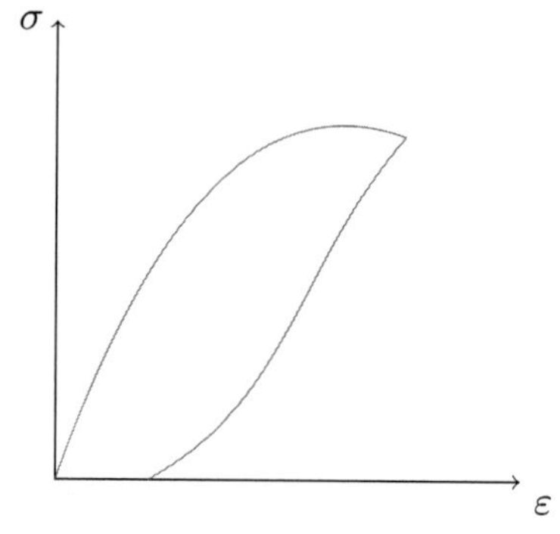

그림 5.2: 비탄성재료에서의 응력-변형률 관계

이에 반해서, 그림 5.2에서의 비탄성 재료(inelastic materials)는 하중의 이력 또는 하중의 속도 등에 의존하게 되어 응력과 변형률의 관계가 유일하지 않게 된다. 비탄성 재료모델은 소성변형(plastic deformation), 점탄성(viscoelastic), 점소성(viscoplastic) 재료 등을 다룰 때 사용된다. 두 재료의 성질에 대한 비교를 표5.1에서 보였다.

표 5.1: 탄성재료와 비탄성재료

탄성재료(elastic materials)	비탄성재료(inelastic materials)
하중과 변형의 관계가 유일함	하중과 변형의 관계가 유일하지 않음
하중의 이력과 관계없음	하중의 이력에 의존함
하중속도와 관계없음	하중속도에 의존함
하중제거 시 원상태로 복귀함	하중제거 시 원상태로 복귀하지 않음

한편, 비선형 탄성재료(nonlinear elastic materials)에 있어서는 그림 5.3에서와 같이 응력-변형률 관계식이 더 이상 선형이 아니라 비선형 형태를 갖게 된다. 그러므로 비선형 재료를 다루기 위해서는 응력과 변형률 등이 비선형성을 포함할 수 있도록 따로 정의되어야 한다. 이 책에서는 선형 탄성재료에 관한 내용만을 다루게 되며 비선형 탄성재료에 관한 내용은 유한변형이론(finite deformation theory)이나 초탄성 이론(hyperelastcity)등의 별도의 이론을 통해서 학습해야 된다. 선형탄

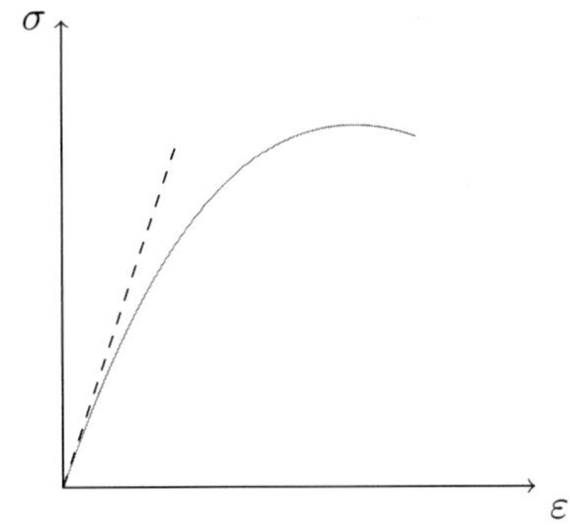

그림 5.3: 비선형 탄성재료에서의 응력-변형률 관계

성 재료와 비선형 재료에 대한 간략한 비교를 표5.2에 보였다.

표 5.2: 선형 탄성재료와 비선형 탄성재료

선형 탄성재료(linear elastic materials)	비선형 탄성재료(nonlinear elastic materials)
하중과 변형의 관계가 선형	하중과 변형의 관계가 비선형
주로 미소 변형을 가정	대변형(large deformation)도 가능함
응력, 변형률의 종류가 소수	응력, 변형률의 종류가 다양함
구성방정식의 종류가 유일함	구성방정식의 종류가 다양함

구성방정식의 유도

이번 장에서 다룰 내용은 선형 탄성재료(linear elastic materials)중에서 등방성 재료(isotropic materials)에 관한 것이며 보다 다양한 재료의 특성에 대해서는 11장에서 다루게 된다. 구성방정식 또는 응력-변형률 관계식은 힘과 변형에 관한 내용이므로 변형이 작은 경우에는 근사적으로 중첩의 원리가 만족된다고 가정한다. 예를 들어, 세 개의 축 방향으로 동시에 외부의 힘을 받고 있는 입방체를 생각해 보자. 이때 변형을 계산하기 위해서는 3개의 힘을 동시에 고려해야 하나, 변형이 작고, 선형적이라고 취급할 수 있다면 각각의 힘이 작용할 때의 변형을 따로 따로 계산한 후에 합친 결과가 최종적인 변형이라고 볼 수 있을 것이다. 물체의 양쪽에서 인장을 가하면 재료에 작용하는 힘과 변형과의 관계를 얻게 되며 이를 응력-변형률 관계식으로 변환할 수 있다.

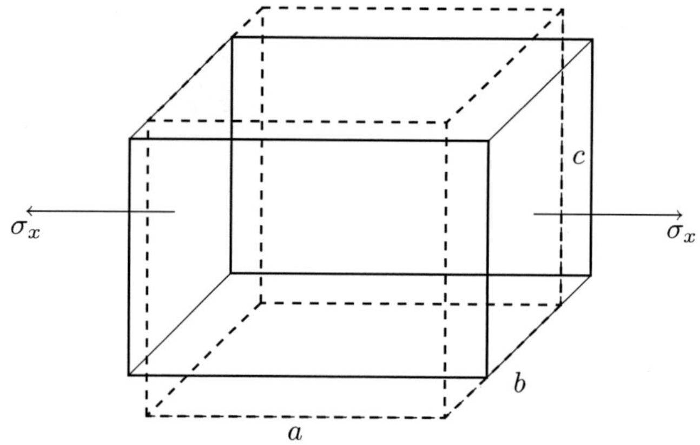

그림 5.4: 입방체에 대한 일축 인장력의 적용

재료가 등방성이라고 가정하면 일축 인장시험에서는 힘이 가해지는 방향에 대한 응력만 존재한다고 가정할 수 있으므로 그림 5.4에서 보는 것처럼 인장방향을 x 축으로 하면 변형률과 응력의 관계는 탄성계수(Elastic modulus, Young's modulus) E를 사용하여 다음과 같이 정의된다.

$$\varepsilon_x = \frac{\sigma_x}{E} \tag{5.1}$$

한편, 하중이 작용하는 방향으로의 변형률과 직교하는 방향에서의 변형률의 비 ν를 다음과 같이 정의하고 이를 Poisson의 비(Poisson' s ratio)라고 한다.

$$\nu = -\frac{\varepsilon_y}{\varepsilon_x} = -\frac{\varepsilon_z}{\varepsilon_x} \tag{5.2}$$

인장시험에서는 하중이 가해지는 방향과 직교하는 방향으로는 다음과 같이 압축변형이 일어나게 되며 변형률은 식(5.1)과 식(5.2)로부터 다음과 같이 결정된다.

$$\varepsilon_y = -\frac{\nu\sigma_x}{E}, \qquad \varepsilon_z = -\frac{\nu\sigma_y}{E} \tag{5.3}$$

또한, $\sigma_y = \sigma_z = 0$, $\tau_{xy} = \tau_{yz} = \tau_{zx} = 0$가 된다. 이번에는 y방향으로 σ_y가 가해진다고 가정하면 인장변형이 발생하고 다른 방향으로는 Poisson 비와 관련되어

압축변형이 생기게 된다. 이 과정을 식으로 정리하면 다음과 같다.

$$\varepsilon_y = \frac{\sigma_y}{E}, \quad \varepsilon_x = -\frac{\nu\sigma_y}{E}, \quad \varepsilon_z = -\frac{\nu\sigma_y}{E} \tag{5.4}$$

마지막으로 z방향으로의 하중을 고려하여 변형률을 써보면 다음과 같이 주어진다.

$$\varepsilon_z = \frac{\sigma_z}{E}, \quad \varepsilon_x = -\frac{\nu\sigma_z}{E}, \quad \varepsilon_y = -\frac{\nu\sigma_z}{E} \tag{5.5}$$

최종적으로 식(5.1),(5.3), (5.4), (5.5)를 중첩의 원리를 사용하여 각각의 변형률을 방향에 따라 더하면 3개의 방향에서 동시에 하중이 작용할 경우에 발생되는 변형률을 다음과 같이 적을 수 있다.

$$\begin{aligned} \epsilon_x &= \frac{1}{E}\left[\sigma_x - \nu(\sigma_y + \sigma_z)\right] \\ \epsilon_y &= \frac{1}{E}\left[\sigma_y - \nu(\sigma_x + \sigma_z)\right] \\ \epsilon_z &= \frac{1}{E}\left[\sigma_z - \nu(\sigma_x + \sigma_y)\right] \end{aligned} \tag{5.6}$$

한편, 전단응력이 가해지는 경우에는 전단변형률만 발생하게 되므로 다음과 같은 관계식이 성립된다.

$$\gamma_{xy} = \frac{\tau_{xy}}{G}, \quad \gamma_{yz} = \frac{\tau_{yz}}{G}, \quad \gamma_{zx} = \frac{\tau_{zx}}{G} \tag{5.7}$$

여기서 전단탄성계수 $G = E/(2(1+\nu))$이며 전단응력과 전단변형률의 비를 의미한다. 결론적으로 위에서 유도한 변형률-응력 관계식을 행렬로 표기하면 다음과 같다.

$$\begin{Bmatrix} \varepsilon_x \\ \varepsilon_y \\ \varepsilon_z \\ \gamma_{xy} \\ \gamma_{yz} \\ \gamma_{zx} \end{Bmatrix} = \begin{bmatrix} \frac{1}{E} & -\frac{\nu}{E} & -\frac{\nu}{E} & 0 & 0 & 0 \\ -\frac{\nu}{E} & \frac{1}{E} & -\frac{\nu}{E} & 0 & 0 & 0 \\ -\frac{\nu}{E} & -\frac{\nu}{E} & \frac{1}{E} & 0 & 0 & 0 \\ 0 & 0 & 0 & \frac{1}{G} & 0 & 0 \\ 0 & 0 & 0 & 0 & \frac{1}{G} & 0 \\ 0 & 0 & 0 & 0 & 0 & \frac{1}{G} \end{bmatrix} \begin{Bmatrix} \sigma_x \\ \sigma_y \\ \sigma_z \\ \tau_{xy} \\ \tau_{yz} \\ \tau_{zx} \end{Bmatrix}$$

또는 벡터형식으로 다음과 같이 쓸 수 있으며

$$\boldsymbol{\varepsilon} = \mathbf{S}\,\boldsymbol{\sigma} \tag{5.8}$$

이때 $\mathbf{S}$를 탄성계수의 역의 개념으로 compliance라고 하며 다음과 같이 주어진다.

$$[S]_{ij} = \begin{bmatrix} \frac{1}{E} & -\frac{\nu}{E} & -\frac{\nu}{E} & 0 & 0 & 0 \\ -\frac{\nu}{E} & \frac{1}{E} & -\frac{\nu}{E} & 0 & 0 & 0 \\ -\frac{\nu}{E} & -\frac{\nu}{E} & \frac{1}{E} & 0 & 0 & 0 \\ 0 & 0 & 0 & \frac{1}{G} & 0 & 0 \\ 0 & 0 & 0 & 0 & \frac{1}{G} & 0 \\ 0 & 0 & 0 & 0 & 0 & \frac{1}{G} \end{bmatrix}$$

한편, 필요에 따라 다음과 같이 응력-변형률 관계식으로 표기할 수도 있다.

$$\begin{aligned} \sigma_x &= 2\mu\epsilon_x + \lambda(\epsilon_x + \epsilon_y + \epsilon_z) \\ \sigma_y &= 2\mu\epsilon_y + \lambda(\epsilon_x + \epsilon_y + \epsilon_z) \\ \sigma_z &= 2\mu\epsilon_z + \lambda(\epsilon_x + \epsilon_y + \epsilon_z) \\ \tau_{xy} &= \mu\gamma_{xy} \\ \tau_{yz} &= \mu\gamma_{yz} \\ \tau_{zx} &= \mu\gamma_{zx} \end{aligned} \tag{5.9}$$

여기서

$$\mu = \frac{E}{2(1+\nu)}, \qquad \lambda = \frac{E}{(1+\nu)(1-2\nu)}$$

응력-변형률 관계식을 벡터형식으로 나타내면

$$\boldsymbol{\sigma} = \mathbf{C}\,\boldsymbol{\varepsilon} \tag{5.10}$$

또는 행렬로 쓰면 다음과 같다.

$$\begin{Bmatrix} \sigma_x \\ \sigma_y \\ \sigma_z \\ \tau_{xy} \\ \tau_{yz} \\ \tau_{zx} \end{Bmatrix} = \begin{bmatrix} \lambda+2\mu & \lambda & \lambda & 0 & 0 & 0 \\ \lambda & \lambda+2\mu & \lambda & 0 & 0 & 0 \\ \lambda & \lambda & \lambda+2\mu & 0 & 0 & 0 \\ 0 & 0 & 0 & \mu & 0 & 0 \\ 0 & 0 & 0 & 0 & \mu & 0 \\ 0 & 0 & 0 & 0 & 0 & \mu \end{bmatrix} \begin{Bmatrix} \varepsilon_x \\ \varepsilon_y \\ \varepsilon_z \\ \gamma_{xy} \\ \gamma_{yz} \\ \gamma_{zx} \end{Bmatrix}$$

여기서 탄성계수 $\mathbf{C}$는 다음과 같다.

$$[C]_{ij} = \begin{bmatrix} \lambda+2\mu & \lambda & \lambda & 0 & 0 & 0 \\ \lambda & \lambda+2\mu & \lambda & 0 & 0 & 0 \\ \lambda & \lambda & \lambda+2\mu & 0 & 0 & 0 \\ 0 & 0 & 0 & \mu & 0 & 0 \\ 0 & 0 & 0 & 0 & \mu & 0 \\ 0 & 0 & 0 & 0 & 0 & \mu \end{bmatrix}$$

따라서 관계식 (5.8)과 식(5.10)을 통해서 $\mathbf{S} = \mathbf{C}^{-1}$의 관계가 있음을 알 수 있다.

5.2 체적계수

위에서 살펴본 응력-변형률 관계식 또는 구성방정식은 응력과 변형률의 모든 성분을 동원해서 만들어진 방정식이다. 또한 각각의 변형률은 선 요소적인 성질을 내재하고 있다, 즉, 선의 길이를 기본으로 하여 늘어나거나 줄어든 양으로 변형의 성질을 확정하는 방법을 사용하였다. 힘이 작용할 때 재료의 변형 특성을 나타낼 수 있는 또 하나의 방법은 체적의 변화를 이용하는 것이다. 그림 5.5에서 보는 것과 같이 재료내의 한 점을 포함하는 가로 a, 세로 b, 높이 c인 미소 크기의 입방체를 고려한다. 변형 전의 체적과 변형 후의 체적을 각각 V와 v로 표시하기로 한다. 변형 후에 입방체의 각 변의 길이가 각각 Δa, Δb, Δc 만큼 씩 증가했다고 하면 변형 후의 입

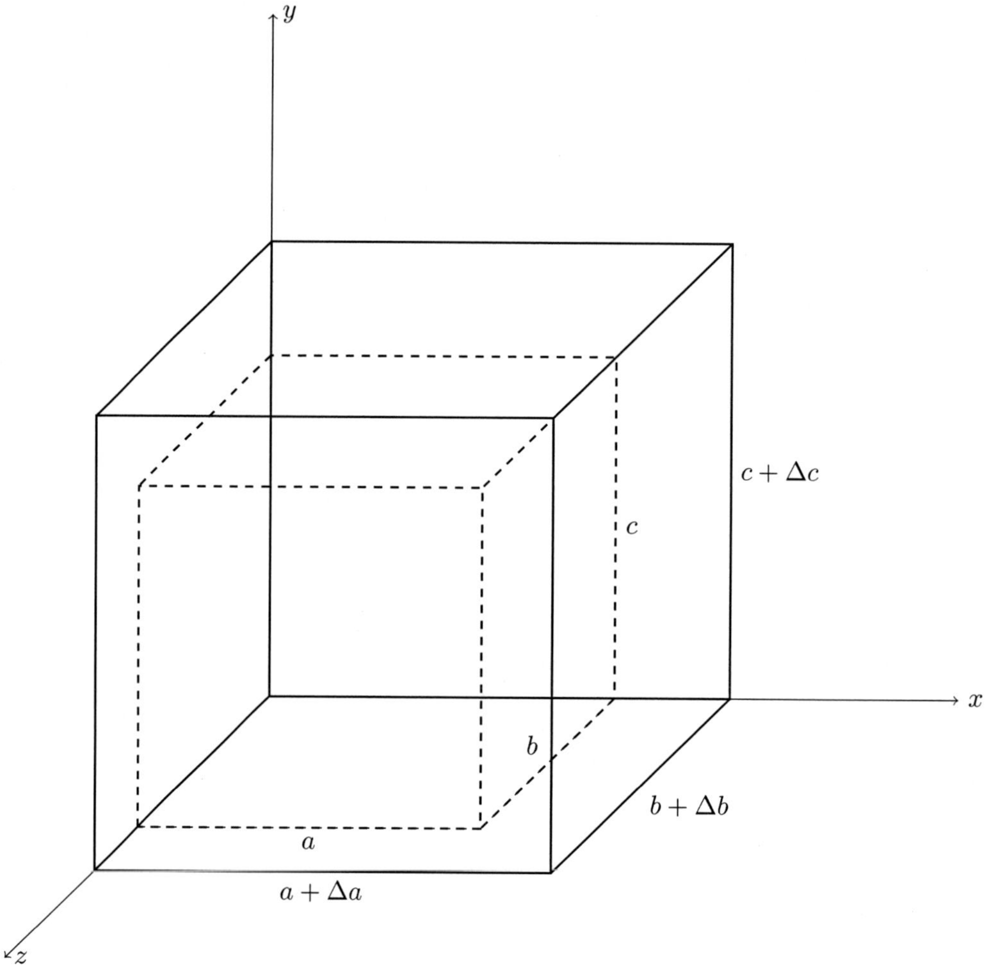

그림 5.5: 미소 크기 입방체의 체적변화

방체 체적은 다음과 같이 주어진다.

$$v = (a + \Delta a)(b + \Delta b)(c + \Delta c) \approx abc + ac\Delta b + ab\Delta c + bc\Delta a$$

여기서 초기체적은 $V = abc$ 이며 변화된 각 성분들이 작다고 가정하고 제곱항 이상을 무시하였다. 그러므로 입방체의 체적변화는 다음과 같다.

$$v - V = ac\Delta b + ab\Delta c + bc\Delta a$$

위의 결과를 이용하여 체적변화율(volumetric stratin) Θ을 다음과 같이 정의한다.

$$\begin{aligned}\Theta &= \frac{v-V}{V} \\ &= \frac{\Delta a}{a} + \frac{\Delta b}{b} + \frac{\Delta c}{c} \\ &= \varepsilon_x + \varepsilon_y + \varepsilon_z\end{aligned}$$

따라서 체적변화율은 입방체의 각 변의 변형률의 합으로 결정됨을 볼 수 있다.

한편, 식(5.6)에서 각 항을 모두 더하면 다음과 같은 결과를 얻게 된다.

$$\varepsilon_x + \varepsilon_y + \varepsilon_z = \frac{1-2\nu}{E}(\sigma_x + \sigma_y + \sigma_z)$$

또는 위식을 평균응력과 체적변화율을 사용하여 다음과 같이 표시할 수 있다.

$$\Theta = \frac{1-2\nu}{E}(3\sigma_m) \tag{5.11}$$

여기서 σ_m는 평균응력(mean stress)이며 다음과 같이 정의한다.

$$\sigma_m = \frac{1}{3}(\sigma_x + \sigma_y + \sigma_z)$$

한편, 입방체에 작용하는 응력이 다음과 같은 정수압(hydrostatic pressure)이라고 가정한다.

$$\sigma_x = \sigma_y = \sigma_z = -p$$

$$\tau_{xy} = \tau_y z = \tau_{zx} = 0$$

식(5.11)에 정수압 조건을 대입하면

$$\Theta = -\frac{3(1-2\nu)}{E}p = -\frac{p}{K}$$

여기서 K를 체적계수(bulk modulus)라고 하며 다음과 같이 정의된다.

$$K = \frac{E}{3(1-2\nu)} \tag{5.12}$$

한편, 식(5.9)에서 각 항을 더해보면 다음과 같은 결과를 얻게 된다.

$$\sigma_x + \sigma_y + \sigma_z = (2\mu + 3\lambda)(\epsilon_x + \epsilon_y + \epsilon_z)$$

또는 평균응력의 개념을 사용하여 다음과 같이 표시할 수 있다.

$$3\sigma_m = (2\mu + 3\lambda)\Theta$$

따라서 다음과 같이 평균응력-체적변형률 관계식을 얻을 수 있다.

$$\sigma_m = K\Theta$$

여기서

$$K = \frac{(2\mu + 3\lambda)}{3} \tag{5.13}$$

5.3 Lamé 상수

앞에서 살펴본 응력-변형률 관계식과 공학상수 E, ν와 Lamé 상수 μ, λ의 관계는 다양한 방법으로 유도될 수 있다. x축으로 일축 인장을 가하면 식(5.9)는 다음과 같이 놓을 수 있다.

$$\begin{aligned}
\sigma_x &= 2\mu\epsilon_x + \lambda(\epsilon_x + \epsilon_y + \epsilon_z) \\
\sigma_y &= 2\mu\epsilon_y + \lambda(\epsilon_x + \epsilon_y + \epsilon_z) = 0 \\
\sigma_z &= 2\mu\epsilon_z + \lambda(\epsilon_x + \epsilon_y + \epsilon_z) = 0 \\
\tau_{xy} &= \mu\gamma_{xy} = 0 \\
\tau_{yz} &= \mu\gamma_{yz} = 0 \\
\tau_{zx} &= \mu\gamma_{zx} = 0
\end{aligned} \tag{5.14}$$

위식에서 두 번째와 세 번째 식을 더하면 다음과 같다.

$$2\mu(\varepsilon_y + \varepsilon_z) + 2\lambda(\varepsilon_x + \varepsilon_y + \varepsilon_z) = 0$$

위식의 항을 재배열하여 다음과 같이 만든다.

$$\varepsilon_y + \varepsilon_z = -\frac{\lambda}{\mu + \lambda}\varepsilon_x$$

이를 식(5.14)의 첫 번째 식에 대입하여 정리하면 다음과 같은 결과를 얻게 된다.

$$\sigma_x = \frac{\mu(2\mu + 3\lambda)}{\mu + \lambda}\varepsilon_x \tag{5.15}$$

한편, 공학상수를 사용한 같은 조건하에서의 응력-변형률 관계식 (5.6)에서 다음과 같은 관계식을 얻을 수 있다.

$$\sigma_x = E\varepsilon_x \tag{5.16}$$

결과적으로 식(5.15)와 식(5.16)을 비교하면 다음과 같이 공학상수와 Lamé 상수의 관계식을 얻게 된다.

$$E = \frac{\mu(2\mu + 3\lambda)}{\mu + \lambda} \tag{5.17}$$

한편, 식(5.14)의 두 번째 식을 다음과 같이 ε_z에 대해서 정리한다.

$$\varepsilon_z = -\frac{(2\mu + \lambda)}{\lambda}\varepsilon_y - \varepsilon_x$$

이 식을 식(5.14)의 세 번째 식에 대입하고 ε_y에 대하여 정리하면 다음과 같다.

$$\varepsilon_y = -\frac{\lambda}{2(\mu + \lambda)}\varepsilon_x$$

이 식은 횡방향 변형률 ε_y와 축방향 변형률 ε_x의 비가 되므로 식(5.2)에서의 Poisson 비에 관한 형태가 된다.

$$\varepsilon_y = -\nu\varepsilon_x$$

그러므로 공학상수 ν와 Lamé 상수는 다음과 같은 관계를 갖게 된다.

$$\nu = \frac{\lambda}{2(\mu + \lambda)} \tag{5.18}$$

5.4 명목 탄성계수

재료의 역학적인 특성인 탄성계수는 다른 조건의 변화에도 값이 변하지 않는 것으로 간주하는 것이 일반적이다. 그러나 경계조건이 변하면 마치 이러한 재료상수들도 그에 따라 달라지는 것처럼 보이는데 이를 명목 탄성계수(apparent elastic constant)라고 한다. 예를 들어, 3차원 입방체에서 $\sigma_z = \sigma_0$와 같이 한 방향으로만 응력이 작용하며 다른 방향으로는 변형을 막아서 응력이 작용하는 방향으로만 변형이 발생되게 만든 경우를 생각해보자. 즉, $\varepsilon_x = \varepsilon_y = \gamma_{xy} = \gamma_{yz} = \gamma_{zx} = 0$이다. 그러므로 식(5.14)로 부터 변형 가능한 방향으로의 변형률 ε_z는 다음과 같이 주어진다.

$$\sigma_0 = (2\mu + \lambda)\varepsilon_z = E'\varepsilon_z$$

따라서 주어진 상황에서 재료는 마치 탄성계수가 $E' = 2\mu + \lambda$인 것처럼 반응하며 이를 명목 탄성계수라고 한다.

연습문제

1. 탄성재료와 비탄성재료의 차이점을 말하고 해당 재료들의 예를 들어보시오.

2. 선형 탄성재료와 비선형 탄성재료의 차이점을 말하고 해당 재료들의 예를 들어보시오.

3. 비탄성재료와 비선형 탄성재료에서 두 재료 사이의 유사점과 차이점을 말하시오.

4. 식(5.8)과 식(5.10)의 관계를 이용하여 탄성계수 $\mathbf{C}$를 공학상수 E와 ν로 표시하시오.

5. 식(5.8)과 식(5.10)의 관계를 이용하여 다음의 관계식을 유도하시오.

$$\mu = \frac{E}{2(1+\nu)}, \qquad \lambda = \frac{E}{(1+\nu)(1-2\nu)}$$

6. 식(5.17)을 참조하여 다음과 같은 공학상수와 Lamé 상수의 관계식을 유도하시오.

$$E = \frac{\mu(2\mu + 3\lambda)}{\mu + \lambda}$$

7. 식(5.18)을 참조하여 다음과 같은 공학상수와 Lamé 상수의 관계식을 유도하시오.

$$\nu = \frac{\lambda}{2(\mu + \lambda)}$$

8. 실제 재료(예, 알루미늄, 철)등의 탄성계수 E와 Poisson 비(ν)를 찾아서 식(5.6)과 식(5.7)과 같은 형식으로 표시하시오.

9. 식 (5.12)를 참조하여 Poisson 비 ν가 현실적으로 가질 수 있는 값의 범위를 정하시오. 또한, 실제 재료에서 $\nu = -1$이 가능한지를 고려해 보시오.

10. 식(5.12)를 참조하여 체적계수 $K \to \infty$이 의미하는 바를 설명하시오.

11. Poisson 비 $\nu \to 1/2$가 되는 재료의 역학적 특성에 대하여 설명하시오.

제6장 2차원 탄성방정식

- 변위기반 방정식(Displacement Formulation)
- 응력기반 방정식(Stress Formulation)
- 경계조건(Boundary Conditions)
- 평면변형률(Plane Strain)

6.1 탄성방정식

탄성문제에 관한 방정식과 경계조건은 종류도 많고 복잡하기 때문에 제대로 정리하지 않으면 큰 그림으로 이해하지 못하기 때문에 해석하는데 어려움을 겪게 된다. 3차원 문제에서는 표 6.1에서 보인 것처럼 무려 15개의 방정식을 다루어야 한다. 그러나 많은 경우에 있어서 적절한 가정을 하고 거기에 맞게 방정식을 수정해서 해석하면 시간과 노력을 절약할 수 있게 되는데, 예를 들어, 주어진 문제를 2차원으로 축소할 수 있다면 다루어야 할 방정식의 개수도 줄어들고 해석의 복잡성도 현격하게 줄일 수 있다. 3차원과 2차원 탄성방정식의 종류와 개수를 표 6.1에서 간략하게 정리하였으며 2차원에서는 변형률-변위 관계식(3), 응력-변형률 관계식(3), 평형방정식(2)을 모두 합하여 $3+3+2=8$ 개의 방정식이 된다.

방정식의 구성

탄성문제를 해석하기 위해서는 어떤 내용을 미지수로 볼 것이며, 또한 결과를 어떤 변수로 도출할 방정식을 만들어 갈 것인지를 먼저 결정해야 한다. 방정식의 해는

표 6.1: 탄성론의 기본 방정식 비교

방정식	2차원 방정식의 수	3차원 방정식의 수
변형률-변위 관계식	3	6
응력-변형률 관계식	3	6
평형방정식	2	3
전체 방정식 수	8	15

종류는 두 가지로 나누어 볼 수 있는데 하나는 변위이고 다른 하나는 응력이다. 즉, 문제의 해를 어떻게 규정하는가에 대한 문제가 된다. 예를 들어, 어떠한 변형이 발생하는지에 대한 내용이 중요하다면 변위를 기반으로 한 방정식을 푸는 것이 낫다. 반대로 발생하는 응력을 구해야 한다면 응력을 기반으로 하는 탄성방정식을 해석해야 한다. 물론 이론적으로는 먼저 변위를 구하고 변형률-변위 관계식을 사용하여 변형률을 얻은 후에, 응력-변형률 식을 사용하여 응력을 구하는 과정을 거쳐도 된다. 그러나 그보다는 처음부터 응력을 기반으로 하는 방정식의 해를 구하는 것이 훨씬 간편하다. 먼저 응력을 구한 후에 응력-변형률 관계식으로부터 변형률을 구하고, 변형률-변위 관계식에서 변위를 구하는 방법도 있을 수 있다. 그러나 변형률과 변위는 적합하지 않은 조건을 만들어 낼 가능성을 배제하기 위하여 또 하나의 방정식인 적합방정식이 필요하게 된다. 그러므로 구하고자 하는 해를 보다 간편하게 구할 수 있도록 문제에 맞는 탄성방정식을 선택하는 것이 중요하다. 이번 장에서는 변위기반 방정식(displacement formulation)과 응력기반 방정식(stress formulation)을 각각 유도하는 방법을 설명할 것이다.

방정식의 경계조건

탄성문제의 해를 구하는데 있어서 또 하나의 고려해야할 사항은 경계조건(boundary condition)에 대한 것이다. 탄성방정식은 경곗값이 주어진 상태에서 해석되어야 하는 경곗값 문제(boundary value problem)에 해당하므로 적절한 경계조건을 찾아내는 것이 매우 중요하다. 예를 들어 물체의 표면에서 힘이 작용하는 경우에는 힘을 응력벡터의 성분(응력텐서)으로 바꾸어 적용하는 것이 일반적이다. 또는 경계조건이 물체 표면에서의 변위로 주어지는 경우에는 변위를 기반으로 한 탄성방정식을 선택하여 해를 구하는 것이 훨씬 낫다. 만일 중력이나 전자기력 같은 물리력을 감안해야 할 경우에는 평형방정식에서 체력을 고려하여야 한다. 이번 장에서는 주어진 문제가 있을 때에 적절한 탄성방정식과 경계조건을 조합하는 방법을 설명하기로 한다.

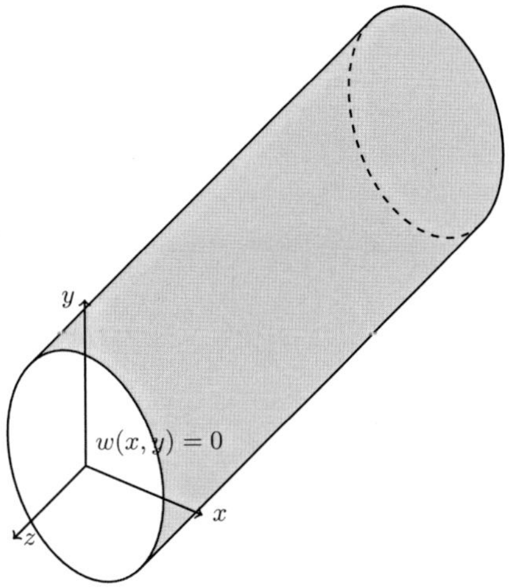

그림 6.1: 평면변형률 조건의 예

2차원 탄성방정식

복잡한 문제를 해석하기 위해서 차원을 낮추는 것도 많이 사용되는 방법 중의 하나이다. 예를 들어, 3차원 물체에 대한 문제를 다룬다고 해도 해당되는 방정식이 반드시 3차원일 필요는 없다. 3차원 문제의 해석적인 해를 구하기는 일반적으로 몹시 어려우므로 2차원 문제로의 변환이 가능하다면 보다 수월하게 문제를 해석할 수 있다. 탄성문제에 있어서 2차원 문제로 변환하는 방법은 평면변형률(plane strain)과 평면응력(plane stress)의 두 가지 형태로 나뉜다.

6.2 평면변형률

그림 6.1에서 보는 바와 같이 3차원 상태에서 한 차원의 물리적 값이 나머지 두 차원에서의 값에 비해서 상대적으로 큰 값을 가진다면 그 차원의 영향을 무시할 수 있다는 의미를 갖는다. 이런 경우는 단면의 폭에 비해서 상대적으로 길이가 긴 축이나 댐(dam)같은 구조물을 상상할 수 있다. 평면변형률 조건하에서 사용되는 탄

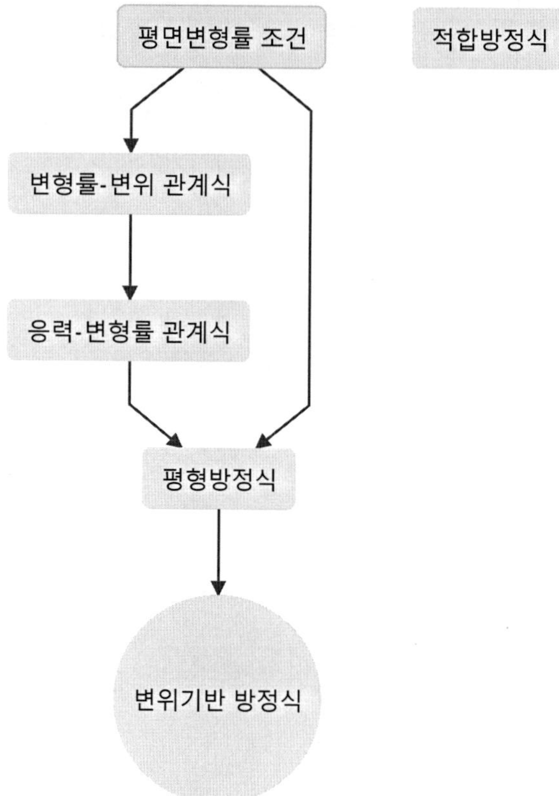

그림 6.2: 평면변형률에서의 변위기반 방정식 구성도

성방정식의 구성도를 그림 6.2에 나타내었다. 방정식의 구성을 설명하면 다음과 같다. 먼저, 평면변형률 조건을 변형률-변위 관계식에 적용하고 다음에는 응력-변형률 관계식에 적용한다. 따라서 평면변형률에서의 응력-변위 관계식이 유도되며 이를 평형방정식에 대입하면 변위로 표시된 변위기반 방정식이 완성된다. 그림 6.2에서 볼 수 있듯이 이 과정에서 적합방정식은 직접적으로는 연관되지 않는다. 다음은 앞에서 설명한 유도과정을 배경으로 하여 실제로 탄성방정식을 유도하기로 한다.

다음과 같은 변위 조건이 만족될 때를 평면변형률 상태로 정의한다.

$$u = u(x, y), \quad v = v(x, y), \quad w = 0$$

여기서 u와 v는 x와 y의 함수이다. 식(4.6)에 평면변형률 조건을 적용하면 다음과 같은 변형률-변위 관계식을 얻게 된다.

$$\begin{aligned}\epsilon_x &= \frac{\partial u}{\partial x}\\ \epsilon_y &= \frac{\partial v}{\partial y}\\ \gamma_{xy} &= \frac{\partial u}{\partial y} + \frac{\partial v}{\partial x}\end{aligned} \tag{6.1}$$

여기서 $\epsilon_z = \gamma_{xz} = \gamma_{yz} = 0$. 한편, 식(5.6)과 식(5.9)에 평면변형률 조건을 적용하면 응력-변형률 관계식을 다음과 같이 얻을 수 있다.

$$\begin{aligned}\sigma_x &= \lambda(\epsilon_x + \epsilon_y) + 2\mu\epsilon_x\\ \sigma_y &= \lambda(\epsilon_x + \epsilon_y) + 2\mu\epsilon_y\\ \sigma_z &= \lambda(\epsilon_x + \epsilon_y)\\ \tau_{xy} &= \mu\gamma_{xy}\end{aligned} \tag{6.2}$$

또한 $\tau_{yz} = \tau_{zx} = 0$이며 한 가지 유의해야 할 점은 비록 $\epsilon_z = 0$ 이라해도 σ_z는 존재한다는 점이다. 한편, 식(5.6)과 식(5.7)에서 주어진 것과 같은 변위-응력 관계식을 사용하는 일도 자주 있으므로 다음과 같이 정리해 둔다. 단, 여기서는 Lamé 계수 λ, μ 대신에 공학계수 E, ν, G 를 사용하여 표시하였다.

$$\begin{aligned}\varepsilon_x &= \frac{1}{E}\left[\sigma_x - \nu(\sigma_y + \sigma_z)\right]\\ \varepsilon_y &= \frac{1}{E}\left[\sigma_y - \nu(\sigma_x + \sigma_z)\right]\\ \sigma_z &= \nu\left(\sigma_x + \sigma_y\right)\\ \gamma_{xy} &= \frac{\tau_{xy}}{G}\end{aligned}$$

또는, σ_z를 위식의 첫 번째와 두 번째 식에 대입하여 정리하면 다음과 같은 관계식을 얻게 된다.

$$\begin{aligned}\varepsilon_x &= \frac{1-\nu^2}{E}\left[\sigma_x - \left(\frac{\nu}{1-\nu}\right)\sigma_y\right] \\ \varepsilon_y &= \frac{1-\nu^2}{E}\left[\sigma_y - \left(\frac{\nu}{1-\nu}\right)\sigma_x\right] \\ \gamma_{xy} &= \frac{\tau_{xy}}{G}\end{aligned} \tag{6.3}$$

마지막으로 평형방정식 (3.30)에 평면변형률 조건을 적용하면 다음과 같다.

$$\begin{aligned}\frac{\partial \sigma_x}{\partial x} + \frac{\partial \tau_{yx}}{\partial y} + \cancel{\frac{\partial \tau_{zx}}{\partial y}} + b_x &= 0 \\ \frac{\partial \tau_{xy}}{\partial x} + \frac{\partial \sigma_y}{\partial y} + \cancel{\frac{\partial \tau_{zy}}{\partial x}} + b_y &= 0 \\ \cancel{\frac{\partial \tau_{zx}}{\partial x}} + \cancel{\frac{\partial \tau_{zy}}{\partial y}} + \cancel{\frac{\partial \sigma_z}{\partial z}} + \cancel{b_z} &= 0\end{aligned}$$

여기서 σ_z는 식(6.1)과 식(6.2)에 의해서 알 수 있는바와 같이 x, y만의 함수가 되므로 $\partial\sigma_z/\partial z = 0$이며 그에 따라 $b_z = 0$ 이 됨을 알 수 있다. 최종적으로 평면변형률에서의 평형방정식은 다음과 같이 주어진다.

$$\begin{aligned}\frac{\partial \sigma_x}{\partial x} + \frac{\partial \tau_{yx}}{\partial y} + b_x &= 0 \\ \frac{\partial \tau_{xy}}{\partial x} + \frac{\partial \sigma_y}{\partial y} + b_y &= 0\end{aligned} \tag{6.4}$$

이제 평면변형률 문제를 해석하기 위해 필요한 모든 방정식이 유도되었으므로 해를 구하는 문제를 생각해 보기로 한다. 앞에서 설명한 바와 같이 탄성방정식에서 얻을 수 있는 해의 종류는 변위와 응력으로 나누어진다. 만일 일차적으로 변위를 구하는 것을 목표로 하고 있다면 변위기반의 방정식을 대해야 하고, 응력이라면 응력기반의 방정식을 풀어야 한다.

평면변형률 경계조건

표 6.1에서 보았듯이 2차원 문제에서는 기본적으로 8개의 방정식을 다루어야 한다. 또한, 평면변형률 조건에서는 변위(2), 변형률(3), 응력(3)개 등의 모두 8개의 성분

들이 관계되어 있다. 따라서 해석에 필요한 방정식은 식(6.1), (6.2), (6.4)가 되며 변위 u, v, 변형률 ε_x, ε_y, γ_{xy}, 그리고 응력 σ_x, σ_y, τ_{xy}에 대하여 풀 면된다. 또한 방정식을 풀기위한 경계조건은 두 가지 형태로 주어질 수 있는데 하나는 변위 경계조건으로 다음과 같이 주어진다.

$$\begin{aligned} u(\overline{x},\overline{y}) &= \overline{u} \\ v(\overline{x},\overline{y}) &= \overline{v} \end{aligned} \tag{6.5}$$

여기서 $\overline{x}$, $\overline{y}$는 물체 표면에서의 한 점의 좌표이며 $\overline{u}$, $\overline{v}$ 는 주어진 변위 경계조건이다. 또 하나의 경계조건은 응력 경계조건으로 다음과 같이 주어진다.

$$\begin{aligned} t_x^{(n)}(\overline{x},\overline{y}) &= \overline{\sigma}_x n_x + \overline{\tau}_{xy} n_y \\ t_y^{(n)}(\overline{x},\overline{y}) &= \overline{\tau}_{xy} n_x + \overline{\sigma}_y n_y \\ t_z^{(n)}(\overline{x},\overline{y}) &= 0 \end{aligned} \tag{6.6}$$

여기서 $\overline{\sigma}_x$, $\overline{\sigma}_y$, $\overline{\tau}_{xy}$는 응력 경계조건이며 z 방향은 길이가 무한대로 되어 유한크기의 정의가 되지 않으므로 응력을 경계조건으로 줄 수 없게 되어 0으로 된다. 가장 간단한 문제의 유형은 경계조건이 변위나 응력의 하나로만 주어지는 경우이다. 그러나 실제로는 두 가지의 경계조건이 동시에 주어지는 경우가 많으나 해석적인 방법으로 다루기는 무척 어려우므로 여기서는 한 가지의 경계조건만이 주어진다고 가정하기로 한다.

변위기반 방정식

앞에서 학습한 내용을 토대로 평면변형률 상태에 있는 탄성체에 대한 변위기반 방정식을 작성하고자 하며 과정의 개략도는 그림 6.2에 표시하였다. 여기서는 8개의 방정식을 변위 v, v로 표시된 2개의 방정식으로 줄이는 작업을 진행할 것이다. 먼저 식(6.1)의 변형률을 식(6.2)에 대입하면 다음과 같은 응력-변위 관계식을 얻을 수 있다.

$$\sigma_x = \lambda\left(\frac{\partial u}{\partial x} + \frac{\partial v}{\partial y}\right) + 2\mu\frac{\partial u}{\partial x}$$
$$\sigma_x = \lambda\left(\frac{\partial u}{\partial x} + \frac{\partial v}{\partial y}\right) + 2\mu\frac{\partial v}{\partial y}$$
$$\tau_{xy} = \mu\left(\frac{\partial v}{\partial x} + \frac{\partial u}{\partial y}\right)$$

이 식을 평형방정식 (6.4)에 대입하여 정리하면 다음과 같은 변위로만 이루어진 방정식을 얻게 된다.

$$\mu\nabla^2 u + (\lambda+\mu)\frac{\partial}{\partial x}\left(\frac{\partial u}{\partial x} + \frac{\partial v}{\partial y}\right) + b_x = 0$$
$$\mu\nabla^2 v + (\lambda+\mu)\frac{\partial}{\partial y}\left(\frac{\partial u}{\partial x} + \frac{\partial v}{\partial y}\right) + b_y = 0 \qquad (6.7)$$

여기서 ∇^2 은 다음과 같다.

$$\nabla^2 = \frac{\partial^2}{\partial x^2} + \frac{\partial^2}{\partial y^2}$$

방정식과 경계조건을 사용하여 변위 u와 v가 구해지면 변형률-변위 관계식으로부터 변형률 ε_x, ε_y, γ_{xy}를 계산할 수 있으며, 최종적으로 응력-변형률 관계식을 이용하여 σ_x, σ_y, τ_{xy}, σ_z를 얻을 수 있게 된다. 탄성문제를 해결하기 위한 많은 방법들이 이러한 과정을 따르고 있으며, 특별히 유한요소법에서도 변위기반 방정식을 수치적으로 처리하여 변위를 얻고 그 결과를 통해서 응력을 계산하는 방법을 채택하는 경우가 많다.

응력기반 방정식

이번에는 평면변형률 조건하에서의 응력기반 방정식을 유도해 보기로 한다. 유도과정의 개략도는 그림 6.3에 표시하였다. 방정식을 유도하기 위해서는 먼저, 평면변형률 조건을 응력-변형률 관계식과 적합방정식에 동시에 적용하고 응력-변형률 관계식을 적합방정식에 대입하면 응력으로만 표시된 적합방정식을 얻게 된다. 여기서 변형률-변위 관계식은 직접적으로 연관되지는 않는다. 한편, 이 과정은 8개의 방정식을 응력 σ_x, σ_y, τ_{xy}의 3개로 표시된 방정식으로 줄이는 것에 대한 것이다. 또한,

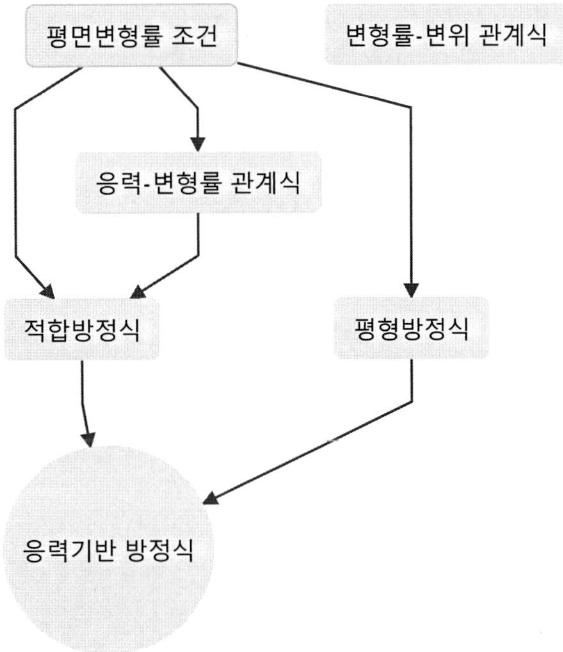

그림 6.3: 평면변형률 조건하에서의 응력기반 방정식의 유도과정

유도하는 과정에서 최종 방정식이 응력으로만 표시되어야 함을 유의한다. 다음은 실제적으로 응력기반 방정식을 유도하는 방법을 상세하게 설명하기로 한다.

먼저 적합방정식 (4.10)에 대하여 평면변형률 조건을 적용하면 다음과 같은 식을 얻게 된다.

$$\frac{\partial^2 \varepsilon_x}{\partial y^2} + \frac{\partial^2 \varepsilon_y}{\partial x^2} = \frac{\partial^2 \gamma_{xy}}{\partial x \partial y} \tag{6.8}$$

여기서 식(6.3)의 첫 번째 식을 y에 대하여 두 번 미분하면

$$\frac{\partial^2 \varepsilon_x}{\partial y^2} = \frac{1}{E}\left[(1-\nu^2)\frac{\partial \sigma_x}{\partial y^2} - \nu(1-\nu)\frac{\partial \sigma_y}{\partial y^2}\right] \tag{6.9}$$

이번에는 식(6.3)의 두 번째 식을 x에 대하여 두 번 미분하면

$$\frac{\partial^2 \varepsilon_y}{\partial x^2} = \frac{1}{E}\left[(1-\nu^2)\frac{\partial \sigma_y}{\partial x^2} - \nu(1-\nu)\frac{\partial \sigma_x}{\partial x^2}\right] \tag{6.10}$$

또한 식(6.3)의 마지막 식을 x와 y에 대하여 각각 한 번씩 미분하면 다음과 같은

결과를 얻는다.

$$\frac{\partial^2\gamma_{xy}}{\partial x\partial y}=\frac{1}{G}\frac{\partial^2\tau_{xy}}{\partial x\partial y}=\frac{2(1+\nu)}{E}\frac{\partial^2\tau_{xy}}{\partial x\partial y} \tag{6.11}$$

식(6.9), 식(6.10), 식(6.11)을 각각 식(6.8)에 대입하여 정리하면 다음과 같은 식을 얻게 된다.

$$(1-\nu^2)\left[\frac{\partial^2\sigma_x}{\partial y^2}+\frac{\partial^2\sigma_y}{\partial x^2}\right]-\nu(1+\nu)\left[\frac{\partial^2\sigma_x}{\partial x^2}+\frac{\partial^2\sigma_y}{\partial y^2}\right]=2(1+\nu)\frac{\partial^2\tau_{xy}}{\partial x\partial y} \tag{6.12}$$

이번에는 평형방정식 (6.4)의 첫 번째와 두 번째 식을 각각 다음과 같이 재배열한다.

$$\frac{\partial\tau_{xy}}{\partial y}=-\frac{\partial\sigma_x}{\partial x}-b_x$$
$$\frac{\partial\tau_{xy}}{\partial x}=-\frac{\partial\sigma_y}{\partial y}-b_y$$

계속해서 윗식의 첫번째 식을 x로 두번째 식을 y로 각각 미분하면 다음과 같다.

$$\frac{\partial\tau_{xy}}{\partial x\partial y}=-\frac{\partial^2\sigma_x}{\partial x^2}-\frac{\partial b_x}{\partial x}$$
$$\frac{\partial\tau_{xy}}{\partial x\partial y}=-\frac{\partial^2\sigma_y}{\partial y^2}-\frac{\partial b_y}{\partial y}$$

윗식에서 두 식을 더하면 다음과 같은 식이 된다.

$$2\frac{\partial^2\tau_{xy}}{\partial x\partial y}=-\frac{\partial^2\sigma_x}{\partial x^2}-\frac{\partial^2\sigma_y}{\partial y^2}-\frac{\partial b_x}{\partial x}-\frac{\partial b_y}{\partial y} \tag{6.13}$$

마지막으로 식(6.13)을 식(6.12)의 우변에 대입하여 τ_{xy}를 제거하고 정리하면 결과적으로 평면변형률에서의 응력기반 방정식을 얻게 된다.

$$\left(\frac{\partial^2}{\partial x^2}+\frac{\partial^2}{\partial y^2}\right)(\sigma_x+\sigma_y)=-\frac{1}{1-\nu}\left(\frac{\partial b_x}{\partial x}+\frac{\partial b_y}{\partial y}\right)$$

또는

$$\nabla^2(\sigma_x+\sigma_y)=-\frac{1}{1-\nu}\left(\frac{\partial b_x}{\partial x}+\frac{\partial b_y}{\partial y}\right) \tag{6.14}$$

이제 적합방정식 (6.4)와 평형방정식 (6.14)에서 σ_x, σ_y, τ_{xy}의 3개의 응력을 구하게 된다. 응력기반 방정식에서는 응력 경계조건으로 주어지는 것이 변위 조건보다 해석하기에 더 편리하다. 만일 얻어진 응력을 사용하여 변위를 구하고자 할 때는 응력-변형률 관계식(6.2)에서 변형률을 구하고 그 결과를 다시 변형률-변위 관계식 (6.3)에 대입하면 된다. 결론적으로 가정한 임의의 응력이 방정식의 해가 되기 위해서는 식(6.4)와 식(6.14)뿐만 아니라 주어진 경계조건까지 만족해야 한다.

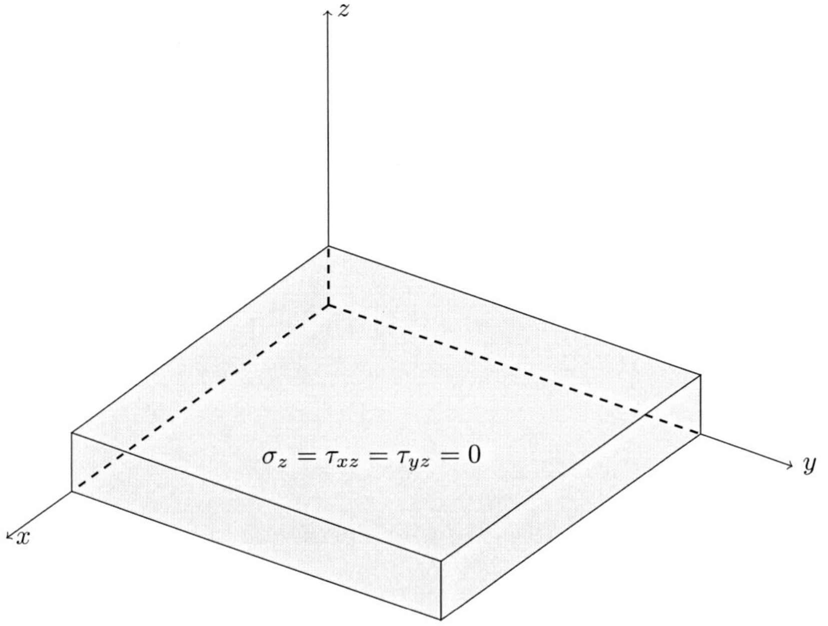

그림 6.4: 평면응력 조건에 대한 예

6.3 평면응력

탄성문제에 있어서 3차원 문제를 2차원 문제로 근사화 시켜서 해석하는 경우도 많으며 이렇게 함으로써 큰 오차 없이 해를 구하는데 필요한 노력과 시간을 절약할 수 있는 이점이 있다. 이번에는 물체를 평면응력 상태로 근사시켜서 해석하는 방법에 대하여 생각해보기로 한다. 그림 6.4에서 주어진 예와 같은 평면응력 상태에서는 다음과 같은 조건을 가정한다.

$$\sigma_z = \tau_{xz} = \tau_{yz} = 0$$

한편, $\sigma_x = \sigma_x(x,y)$, $\sigma_y = \sigma_y(x,y)$, $\tau_{xy} = \tau_{xy}(x,y)$으로 주어진다. 변형률-응력 관계식 (5.6)과 (5.7)에 평면응력 조건을 적용하면 평면응력 조건에서의 변형률-응력 관계식을 다음과 같이 얻을 수 있다.

$$\begin{aligned} \epsilon_x &= \frac{1}{E}(\sigma_x - \nu\sigma_y) \\ \epsilon_y &= \frac{1}{E}(\sigma_y - \nu\sigma_x) \\ \gamma_{xy} &= \frac{\tau_{xy}}{G} \end{aligned} \tag{6.15}$$

여기서 주의해야 할 점은 $\sigma_z = 0$ 이라고 해서 $\varepsilon_z = 0$ 이 아니라는 점이며 다음과 같이 주어진다.

$$\varepsilon_z = -\frac{\nu}{E}(\sigma_x + \sigma_y)$$

한편, 변형률-변위 관계식은 식(4.6)에 평면응력 조건을 적용하면 다음과 같이 주어진다.

$$\begin{aligned} \epsilon_x &= \frac{\partial u}{\partial x} \\ \epsilon_y &= \frac{\partial v}{\partial y} \\ \gamma_{xy} &= \frac{\partial u}{\partial y} + \frac{\partial v}{\partial x} \end{aligned} \tag{6.16}$$

여기서 $\epsilon_z = \gamma_{xz} = \gamma_{yz} = 0$이다. 이제 식(3.30)에 평면응력 조건을 적용하면 평형 방정식은 다음과 같이 주어진다.

$$\frac{\partial \sigma_x}{\partial x} + \frac{\partial \tau_{yx}}{\partial y} + b_x = 0$$
$$\frac{\partial \tau_{xy}}{\partial x} + \frac{\partial \sigma_y}{\partial y} + b_y = 0 \tag{6.17}$$

평면응력 해석에 필요한 방정식은 식(6.15), 식(6.16), 식(6.17)에서 주어진 8개의 방정식이며 따라서 σ_x, σ_y, τ_{xy}, ε_x, ε_y, γ_{xy}, u, v 등으로 구성되는 8개의 변수에 대하여 해석하게 된다.

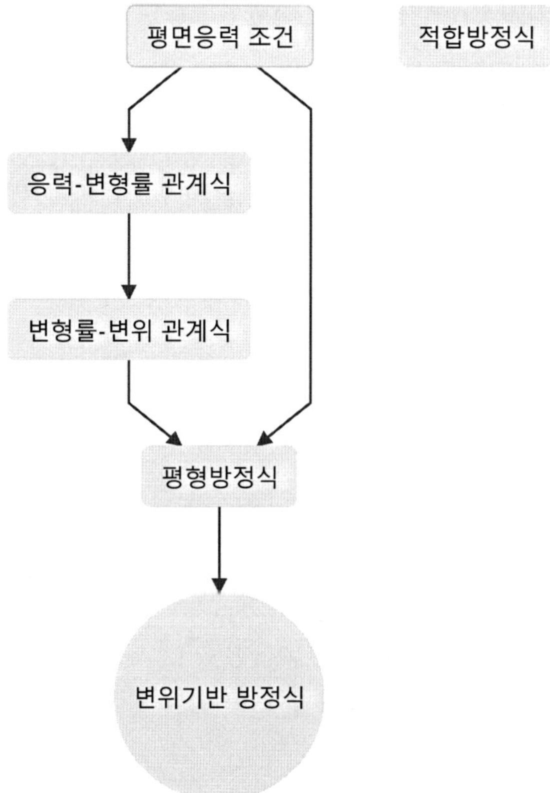

그림 6.5: 평면응력 조건하에서의 변위기반 방정식의 유도과정

변위기반 방정식

평면응력 조건에서도 평면변형률의 경우와 마찬가지로 변위기반 및 응력기반의 두 종류의 탄성방정식이 사용된다. 먼저, 변위기반 방정식의 유도과정에 대한 개략도는 그림 6.5에 표시하였다. 평면응력 조건을 응력-변형률 관계식에 적용하고 변형률-변위 관계식을 통해서 응력-변위 관계식을 도출한다. 얻어진 응력-변위 관계식을 평형방정식에 대입하면 변위로만 구성된 변위기반 방정식을 얻게 된다. 이 과정에서 적합방정식은 직접적인 연관이 없다. 다음은 실제로 방정식을 유도하는 과정을 상세하게 설명하기로 한다.

먼저 식(6.15)에서 첫 번째와 두 번째 식을 연립으로 하여 각각 σ_x와 σ_y에 대한 항으로 정리하고 식(6.15)에서 주어진 전단변형률도 첨가하면 다음과 같이 응력-변형률 관계식을 얻게 된다.

$$\begin{aligned}
\sigma_x &= \frac{E}{1-\nu^2}\left(\varepsilon_x + \nu\varepsilon_y\right) \\
\sigma_y &= \frac{E}{1-\nu^2}\left(\varepsilon_y + \nu\varepsilon_x\right) \\
\tau_{xy} &= G\gamma_{xy}
\end{aligned} \tag{6.18}$$

윗식에 변형률-변위 관계식 (6.16)을 대입하면 응력-변위 관계식을 다음과 같이 얻게 된다.

$$\begin{aligned}
\sigma_x &= \frac{E}{1-\nu^2}\left(\frac{\partial u}{\partial x} + \nu\frac{\partial v}{\partial y}\right) \\
\sigma_y &= \frac{E}{1-\nu^2}\left(\frac{\partial v}{\partial y} + \nu\frac{\partial u}{\partial x}\right) \\
\tau_{xy} &= G\left(\frac{\partial v}{\partial x} + \frac{\partial u}{\partial y}\right)
\end{aligned}$$

이제 위식을 응력별로 평형방정식 (6.17)에 대입하여 정리하면 다음과 같은 평면응력에 대한 변위기반 방정식을 얻게 되며 이를 평면응력에 대한 Navier 방정식이라고 한다.

$$\mu\nabla^2 u + \frac{E}{2(1-\nu)}\frac{\partial}{\partial x}\left(\frac{\partial u}{\partial x} + \frac{\partial v}{\partial y}\right) + b_x = 0 \qquad (6.19)$$
$$\mu\nabla^2 v + \frac{E}{2(1-\nu)}\frac{\partial}{\partial y}\left(\frac{\partial u}{\partial x} + \frac{\partial v}{\partial y}\right) + b_y = 0$$

평면변형률의 경우와 마찬가지로 8개의 방정식을 2개의 변위 u, v 에 관한 방정식으로 만들었으며 적절한 경계조건을 적용하여 문제를 해석하게 된다.

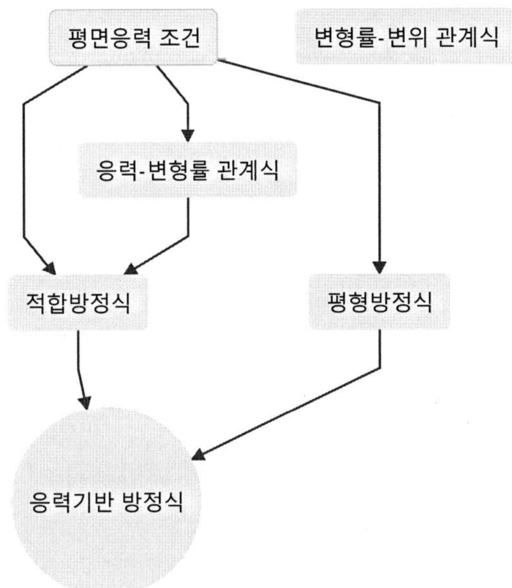

그림 6.6: 평면응력 조건하에서의 응력기반 방정식의 유도과정

응력기반 방정식

이번에는 평면응력 조건하에서의 응력기반 방정식을 유도하기로 한다. 과정의 개략도는 그림 6.6에 표시하였다. 평면응력 조건을 응력-변형률 관계식과 적합방정식에 동시에 적용하고 수정된 응력-변형률 관계식을 적합방정식에 대입하면 응력으로만 표시된 적합방정식을 얻게 된다. 최종적으로 평형방정식을 연결하여 응력기반 방정식을 완성하게 되며 평면변형률의 경우와 마찬가지로 응력 σ_x, σ_y, τ_{xy} 3개의 방

정식을 얻게 된다. 다음은 실제로 방정식을 유도하는 과정을 상세하게 설명하기로 한다.

먼저 적합방정식 (4.10)에서 평면응력 조건을 적용하면 다음과 같은 식을 얻게 된다. 이 결과는 평면변형률의 경우와 동일하다.

$$\frac{\partial^2 \epsilon_x}{\partial y^2} + \frac{\partial^2 \epsilon_y}{\partial x^2} = \frac{\partial^2 \gamma_{xy}}{\partial x \partial y} \tag{6.8}$$

여기서 식(6.15)의 첫번째 식을 y에 대하여 두번 미분하면

$$\frac{\partial^2 \varepsilon_x}{\partial y^2} = \frac{1}{E}\left[\frac{\partial \sigma_x}{\partial y^2} - \nu \frac{\partial \sigma_y}{\partial y^2}\right] \tag{6.20}$$

이번에는 식(6.15)의 두번째 식을 x에 대하여 두번 미분하면

$$\frac{\partial^2 \varepsilon_y}{\partial x^2} = \frac{1}{E}\left[\frac{\partial \sigma_y}{\partial x^2} - \nu \frac{\partial \sigma_x}{\partial x^2}\right] \tag{6.21}$$

또한 식(6.15)의 마지막 식을 x와 y에 대하여 각각 한 번씩 미분하면 다음과 같은 결과를 얻는다.

$$\frac{\partial^2 \gamma_{xy}}{\partial x \partial y} = \frac{1}{G}\frac{\partial^2 \tau_{xy}}{\partial x \partial y} = \frac{2(1+\nu)}{E}\frac{\partial^2 \tau_{xy}}{\partial x \partial y} \tag{6.22}$$

식(6.20), 식(6.21), 식(6.22)를 각각 식(4.10)에 대입하여 정리하면 응력으로 표시된 적합방정식을 얻게 된다.

$$\frac{\partial^2 \sigma_x}{\partial y^2} - \nu \frac{\partial^2 \sigma_y}{\partial y^2} + \frac{\partial^2 \sigma_y}{\partial x^2} - \nu \frac{\partial^2 \sigma_x}{\partial x^2} = 2(1+\nu)\frac{\partial^2 \tau_{xy}}{\partial x \partial y} \tag{6.23}$$

이번에는 평형방정식 (6.17)의 첫 번째와 두 번째 식을 각각 다음과 같이 재배열한다.

$$\begin{aligned} \frac{\partial \tau_{xy}}{\partial y} &= -\frac{\partial \sigma_x}{\partial x} - b_x \\ \frac{\partial \tau_{xy}}{\partial x} &= -\frac{\partial \sigma_y}{\partial y} - b_y \end{aligned}$$

계속해서 위식의 첫 번째 식을 x로 두번째 식을 y로 각각 미분하면 다음과 같다.

$$\frac{\partial \tau_{xy}}{\partial x \partial y} = -\frac{\partial^2 \sigma_x}{\partial x^2} - \frac{\partial b_x}{\partial x}$$
$$\frac{\partial \tau_{xy}}{\partial x \partial y} = -\frac{\partial^2 \sigma_y}{\partial y^2} - \frac{\partial b_y}{\partial y}$$

위식에서 두 식을 더하면 다음과 같은 식이 된다.

$$2\frac{\partial \tau_{xy}}{\partial x \partial y} = -\frac{\partial^2 \sigma_x}{\partial x^2} - \frac{\partial^2 \sigma_y}{\partial y^2} - \frac{\partial b_x}{\partial x} - \frac{\partial b_y}{\partial y} \tag{6.24}$$

마지막으로 식(6.24)를 식(6.23)의 우변에 대입하여 τ_{xy}를 제거하고 정리하면 결과적으로 평면응력에서의 응력기반 방정식을 얻게 된다.

$$\left(\frac{\partial^2}{\partial x^2} + \frac{\partial^2}{\partial y^2}\right)(\sigma_x + \sigma_y) = -(1+\nu)\left(\frac{\partial b_x}{\partial x} + \frac{\partial b_y}{\partial y}\right)$$

또는

$$\nabla^2 (\sigma_x + \sigma_y) = -(1+\nu)\left(\frac{\partial b_x}{\partial x} + \frac{\partial b_y}{\partial y}\right) \tag{6.25}$$

결론적으로 평면응력 조건에서 응력기반의 해법에서는 식(6.17)과 식(6.25)를 통하여 경계조건에 맞는 해를 구하게 된다.

6.4 열탄성 문제

변형에 제한이 없는 물체에 균일한 온도의 변화가 적용되면 그에 따라 체적의 변화가 발생된다. 단, 법선방향의 변형만 생기게 되고 전단방향으로의 변형은 없다고 가정한다. 만일 물체에 불균일한 온도의 변화가 작용하거나, 물체의 변형을 제한하는 경우에는 온도의 변화로 인해서 물체 내에 응력이 발생하게 되는데 이를 열응력(thermal stress)이라고 하며 이와 관련된 문제를 열탄성 문제라고 한다. 또한, 온도의 변화로 인한 열 변형률(thermal strain) ε^T는 다음과 같이 정의된다.

$$\varepsilon^T = \alpha \Delta T$$

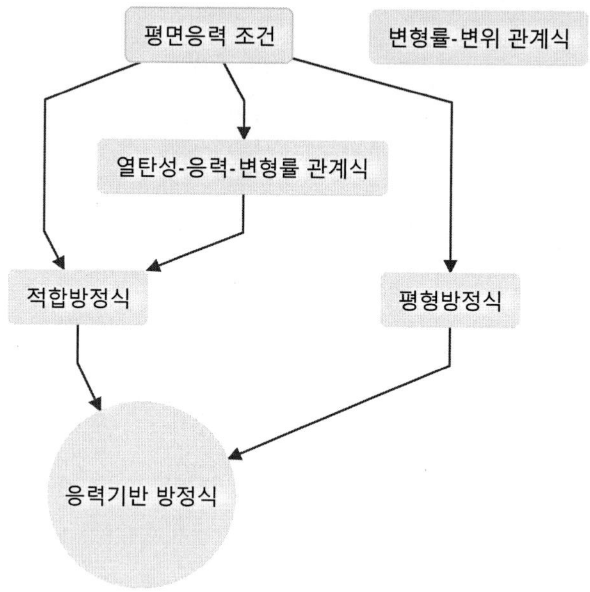

그림 6.7: 평면응력 조건에서의 열탄성 응력기반 방정식의 유도과정

여기서 α는 재료의 열팽창계수(coefficient of thermal expansion)이며 ΔT는 온도 변화이다. 열탄성을 고려한 평면응력 조건에서의 응력기반 방정식의 유도과정은 그림 6.7에서 나타내었다. 방정식의 유도과정을 설명하면 다음과 같다. 먼저, 평면응력조건을 열탄성-응력-변형률 관계식에 적용하고 적합방정식에 대입하면 응력으로 표시된 열탄성 적합방정식을 얻게 된다. 한편, 응력기반 방정식을 완성하기 위해서는 평형방정식이 포함되어야 한다. 결과적으로 평면응력 열탄성 응력기반 방정식은 응력 σ_x, σ_y, τ_{xy}에 관련된 방정식을 풀게 되며 온도 T는 미지수로 취급하지 않는다. 만일 온도를 또 하나의 변수로 취급하고자 할 때는 에너지 방정식(예, 열전도 방정식)이 추가 되어야 한다. 다음에는 방정식의 유도과정을 상세하게 설명하고자 한다.

열 변형률은 법선방향으로의 성분만 가지게 되므로 힘으로 인한 변형률과 합하여 전체 변형률을 응력의 항으로 나타내면 평면응력 조건에서는 다음과 같이 정의할 수 있다.

$$
\begin{aligned}
\varepsilon_x &= \frac{1}{E}(\sigma_x - \nu\sigma_y) + \alpha\Delta T \\
\varepsilon_y &= \frac{1}{E}(\sigma_y - \nu\sigma_x) + \alpha\Delta T \\
\gamma_{xy} &= \frac{\tau_{xy}}{G}
\end{aligned}
\tag{6.26}
$$

또는 응력-변형률의 관계식으로 써보면 다음과 같다.

$$
\begin{aligned}
\sigma_x &= \frac{E}{1-\nu^2}(\varepsilon_x + \nu\varepsilon_y) - \frac{\alpha E\Delta T}{1-\nu} \\
\sigma_y &= \frac{E}{1-\nu^2}(\varepsilon_y + \nu\varepsilon_x) - \frac{\alpha E\Delta T}{1-\nu} \\
\tau_{xy} &= G\gamma_{xy}
\end{aligned}
\tag{6.27}
$$

여기서 열팽창계수는 등방성을 가정하였으나 복합재료 등의 이방성 재료인 경우에는 열팽창계수도 이방성을 띠게 되어 온도변화에 의한 전단변형도 발생하게 된다. 평면 열응력 문제에 있어서도 해석해야 할 방정식의 수는 u, v, σ_x, σ_y, τ_{xy}, ε_x, ε_y, γ_{xy}등의 8개로 동일하다. 단, 평면응력의 경우 $\varepsilon_z \neq 0$이며, 평면변형률의 경우 $\sigma_z \neq 0$임을 유의한다.

한편, 식(6.26)을 적합방정식 (6.8)에 대입하여 정리하면 체력이 없다고 가정하였을 때 다음과 같은 식을 얻게 된다.

$$
\left(\frac{\partial^2}{\partial x^2} + \frac{\partial^2}{\partial y^2}\right)(\sigma_x + \sigma_y + \alpha E\Delta T) = 0
$$

또는

$$
\nabla^2(\sigma_x + \sigma_y + \alpha E\Delta T) = 0 \tag{6.28}
$$

따라서 응력기반 방정식(6.28)과 평형방정식(6.17)을 사용하여 응력 σ_x, σ_y, τ_{xy}를 구하게 된다.

열탄성 문제의 예

등방성 재료로 만들어진 얇은 두께의 사각형 막대의 양끝이 벽사이에 끼여 있는 경우를 생각해보자. 벽에 의해서 변형이 제한되는 방향을 y방향이라고 놓고 전단의 영향을 무시하면 $\varepsilon_y = \gamma_{xy} = 0$으로 볼 수 있다. 한편, x 방향으로는 자유롭게 변형이 가능하므로 $\sigma_x = \tau_{xy} = 0$이라고 간주된다. 이때에 온도변화 ΔT로 인하여 보에 걸리는 응력과 변형률을 계산해보기로 한다. 먼저, 열탄성 변형률-응력 관계식 (6.26)에 주어진 조건을 적용하면 다음과 같다.

$$\begin{aligned}
\varepsilon_x &= -\frac{\nu\sigma_y}{E} + \alpha\Delta T \\
\varepsilon_y &= 0 = \frac{\sigma_y}{E} + \alpha\Delta T \\
\gamma_{xy} &= 0 = \frac{\tau_{xy}}{G}
\end{aligned}$$

두번째 식으로부터 변형률 $\sigma_y = -\alpha E\Delta T$를 얻게 되고, 이를 첫 번째 식에 대입하여 변형률 $\varepsilon_x = (1+\nu)\alpha\Delta T$임을 알 수 있다. 그러나 이 문제를 푸는데 쓰인 방법은 사실상 탄성론의 이론을 충분하게 반영했다고 보기 어렵고, 오히려 재료역학적인 성향이 더 짙다고 말할 수 있다. 동일한 열탄성 문제를 탄성론의 내용을 적용하여 해석하는 방법을 다음 장에서 설명하기로 한다.

연습문제

1. 주위에서 평면변형률 상태로 간주할 수 있는 물체의 자료(사진 등)를 수집하고 경계조건에대하여 논하시오.

2. 평면변형률 상태에서 다음과 같은 식이 성립됨을 보이시오.

$$\sigma_z = \frac{\lambda}{2(\lambda+\mu)}(\sigma_x + \sigma_y)$$

3. 탄성문제에서 변위기반 방정식을 유도하는 과정을 상세하게 설명하시오.

4. 탄성문제에서 응력기반 방정식을 유도하는 과정과 적합방정식의 역할은 어떤 것인지를 설명하시오.

5. 평면응력 조건에서의 열탄성문제에서 식(6.26)을 사용하여 식(6.27)을 유도하시오.

6. 평면변형률 조건에서의 열탄성문제에서 다음의 관계식이 성립됨을 보이시오.

   a) $\sigma_{33} = \nu(\sigma_{11} + \sigma_{22}) - \alpha E\Delta T$

b) 평면변형률 조건에서의 열탄성 응력-변형률 관계식은 다음과 같음을 보이시오.

$$
\begin{aligned}
\sigma_{11} &= 2\mu\varepsilon_{11} + \lambda(\varepsilon_{11} + \varepsilon_{22}) - (2\mu + 3\lambda)\alpha\Delta T \\
\sigma_{22} &= 2\mu\varepsilon_{22} + \lambda(\varepsilon_{11} + \varepsilon_{22}) - (2\mu + 3\lambda)\alpha\Delta T \\
\tau_{12} &= 2\mu\gamma_{12}
\end{aligned}
$$

7. 평면응력 조건에서의 열탄성 문제에서 응력으로 표시된 적합방정식 (6.28)을 유도하시오.

8. 평면변형률 조건에서의 열탄성 문제에서 응력으로 표시된 적합방정식을 유도하시오.

9. 등방성 재료로 만들어진 사각형 막대의 x와 y 방향 모두가 벽사이에 끼여있으며 z방향만으로 변형이 가능하다고 가정하면 온도변화 ΔT에 의한 응력과 변형률을 모두 계산하시오. 단, 평면응력 또는 3차원 문제로 가정하시오.

10. 등방성 재료로 만들어진 사각형 막대의 x, y, z 방향 모두가 벽사이에 끼여있으며 어느 방향으로도 변형이 불가능하다고 가정하면 온도변화 ΔT에 의한 응력을 모두 계산하시오. 단, 평면변형률 또는 3차원 문제로 가정하시오.

제7장 극 좌표계와 탄성방정식

- 극좌표 (Displacement Formulation)
- 응력기반 방정식 (Stress Formulation)
- 경계조건 (Boundary Conditions)
- 평면변형률 (Plane Strain)

7.1 극 좌표계의 장점

다양한 형상을 가지는 탄성체에 대한 문제를 해석하기 위해서는 직교 좌표계 대신에 적절한 좌표계를 도입하는 것이 편리할 때가 있다. 예를 들어, 원형의 단면을 갖는 물체에 대한 해석을 하기 위해서는 극 좌표계(polar coordinate system)를 적용하는 것이 더 나을 경우가 많으며 극 좌표계는 원통 좌표계(cylindrical coordinate system)의 2차원에서의 형태라고 볼 수 있다. 물체의 한 점 주위에서 일정한 거리에 있는 지점에 대한 응력을 구하고자 할 때 극 좌표계를 도입하면 하나의 좌표는 상수가 되기때문에 방정식이나 경계조건이 간단하게 되는 장점이 있다.

예를 들어, 응력이 $\sigma(r,\theta)$로 주어질 때 원점에서 a만큼 떨어진 거리에 있는 지점들을 가르키기 위해서는 $r = a$와 같이 놓으면 되고 이때의 응력은 $\sigma(a,\theta)$와 같이 표기가 가능하므로 하나의 변수 θ에 대한 방정식만 남게 된다. 반면에, 직교 좌표계를 사용하는 경우에 원형단면에서의 응력을 표시하기 위해서는 $x^2 + y^2 = a^2$의 관계식을 사용해야 하기 때문에 여전히 2개의 좌표 x, y에 관련된 방정식과 경계조건이 필요하게 된다.

이번 장에서는 앞에서 소개한 탄성방정식들을 극 좌표계에서 사용할 수 있는 형태로 정리하고자 한다. 직교 좌표계에서 정의된 방정식을 극 좌표계에서 사용할 수 있도록 변환하여 유도할 수는 있으나 필자의 생각으로는 이러한 과정은 텐서연산을 사용하지 않는 한 일관성있고 체계적인 과정이라고 보기가 어렵기 때문에 유도과정 없이 결과식만을 사용하기로 한다. 텐서연산을 사용하여 다양한 좌표계로의 변환을 시도하는 과정에 관심이 있는 독자는 텐서방정식의 이해[8]를 참고하기 바란다.

7.2 탄성방정식

앞에서 살펴본 직교 좌표계에서와 마찬가지로 극 좌표계에서도 필요한 방정식의 수는 8개가 된다. 만일 3차원으로 확장하는 경우에는 원통 좌표계를 채택하게 되며 이때의 방정식의 수는 15개이다. 이번 장에서는 평면변형률과 평면응력 조건에서의 극 좌표로 표시된 변형률-변위 관계식, 응력-변형률 관계식(구성방정식), 평형방정식을 알아보고 응력으로 표시된 적합방정식까지 고려해 보기로 한다. 표기가 너무 복잡해지는 것을 방지하기 위해서 극 좌표계에서의 변위도 직교 좌표계에서와 동일한 기호로 표기하기로 한다. 즉, 극좌표에서의 r방향, θ방향, 그리고 z방향에서의 변위를 각각 u, v 그리고 w로 표시하기로 한다.

평면변형률

평면변형률 조건에서의 변위는 다음과 같이 주어진다.

$$u = u(r,\theta), \qquad v = v(r,\theta), \qquad w(r,\theta,z) = 0$$

여기서 평면변형률 상태이므로 z방향으로의 성분은 무시된다.

변형률-변위 관계식

변형률-변위 관계식은 다음과 같이 주어진다.

$$\begin{aligned} \varepsilon_r &= \frac{\partial u}{\partial r} \\ \varepsilon_\theta &= \frac{u}{r} + \frac{1}{r}\frac{\partial v}{\partial \theta} \\ \gamma_{r\theta} &= \frac{1}{r}\frac{\partial u}{\partial \theta} + \frac{\partial v}{\partial r} - \frac{v}{r} \end{aligned} \tag{7.1}$$

여기서 $\varepsilon_z = \gamma_{rz} = \gamma_{\theta z} = 0$, $\tau_{rz} = \tau_{\theta z} = 0$ 이다.

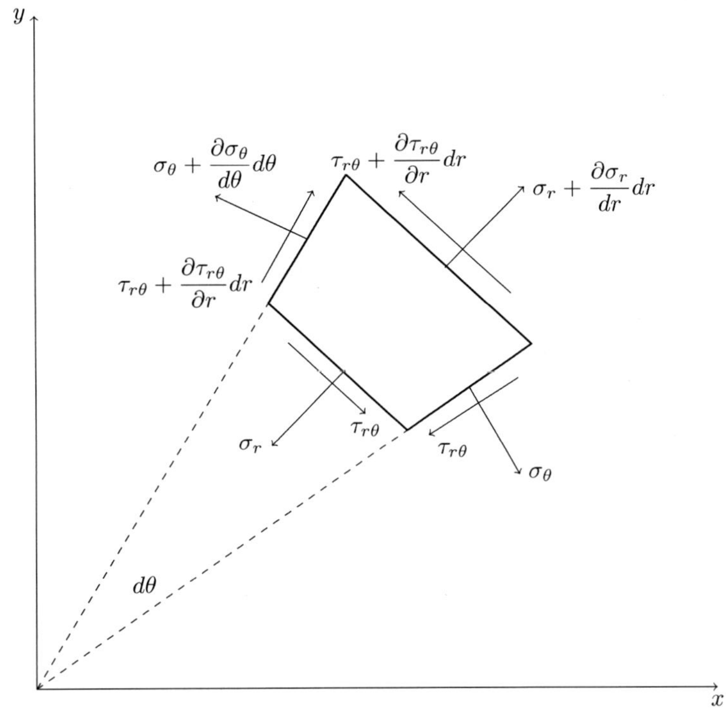

그림 7.1: 극 좌표로 표시된 응력성분

응력-변형률 관계식

그림 7.1에는 극 좌표로 표시된 각 응력성분들이 표시되어 있다. 극 좌표계에서의 변형률-응력 관계식은 다음과 같이 주어진다.

$$
\begin{aligned}
\varepsilon_r &= \frac{1-\nu^2}{E}\left[\sigma_r - \left(\frac{\nu}{1-\nu}\right)\sigma_\theta\right] \\
\varepsilon_\theta &= \frac{1-\nu^2}{E}\left[\sigma_\theta - \left(\frac{\nu}{1-\nu}\right)\sigma_r\right] \\
\gamma_{r\theta} &= \frac{\tau_{r\theta}}{G}
\end{aligned}
\tag{7.2}
$$

또는 응력-변형률 관계식으로 다음과 같이 쓸 수 있다.

$$\begin{aligned}\sigma_r &= 2\mu\varepsilon_r + \lambda(\varepsilon_r + \varepsilon_\theta) \\ \sigma_\theta &= 2\mu\varepsilon_\theta + \lambda(\varepsilon_r + \varepsilon_\theta) \\ \tau_{r\theta} &= \mu\gamma_{r\theta}\end{aligned} \tag{7.3}$$

적합방정식

2차원에서는 1개의 적합방정식만이 있으므로 극 좌표로 표시하면 다음과 같다.

$$\frac{\partial^2\varepsilon_\theta}{\partial r^2} + \frac{1}{r^2}\frac{\partial^2\varepsilon_r}{\partial\theta^2} + \frac{2}{r}\frac{\partial\varepsilon_\theta}{\partial r} - \frac{1}{r}\frac{\partial\varepsilon_r}{\partial r} = \frac{1}{r}\frac{\partial^2\gamma_{r\theta}}{\partial r\partial\theta} + \frac{1}{r^2}\frac{\partial\gamma_{r\theta}}{\partial\theta} \tag{7.4}$$

평형방정식

평형방정식은 다음과 같이 쓸 수 있다.

$$\begin{aligned}\frac{\partial\sigma_r}{\partial r} + \frac{1}{r}\frac{\partial\tau_{r\theta}}{\partial\theta} + \frac{1}{r}(\sigma_r - \sigma_\theta) + b_r = 0 \\ \frac{\partial\tau_{r\theta}}{\partial r} + \frac{1}{r}\frac{\partial\sigma_\theta}{\partial\theta} + \frac{2\tau_{r\theta}}{r} + b_\theta = 0\end{aligned} \tag{7.5}$$

변위기반 방정식

극 좌표로 표시된 변위기반 방정식의 유도과정은 직교 좌표계에서와 동일하며 변형률-변위 관계식 (7.1)을 응력-변형률 관계식 (7.3)에 대입하면 응력-변위 방정식은 다음과 같이 주어진다.

$$\begin{aligned}\sigma_r &= 2\mu\frac{\partial u}{\partial r} + \lambda\left[\frac{1}{r}\frac{\partial(ru)}{\partial r} + \frac{1}{r}\frac{\partial v}{\partial\theta}\right] \\ \sigma_\theta &= 2\mu\left[\frac{u}{r} + \frac{1}{r}\frac{\partial v}{\partial\theta}\right] + \lambda\left[\frac{1}{r}\frac{\partial(ru)}{\partial r} + \frac{1}{r}\frac{\partial v}{\partial\theta}\right] \\ \tau_{r\theta} &= \mu\left(\frac{1}{r}\frac{\partial u}{\partial\theta} + \frac{\partial v}{\partial r} - \frac{v}{r}\right)\end{aligned}$$

윗식을 평형방정식 (7.5)에 대입하여 정리하면 다음과 같은 변위기반 방정식을 얻을 수 있으며 이를 평면변형률에서의 Navier 방정식이라고 한다.

$$(\lambda + 2\mu)\frac{\partial(\varepsilon_r + \varepsilon_\theta)}{\partial r} - \frac{2\mu}{r}\frac{\partial \omega}{\partial \theta} + b_r = 0 \tag{7.6}$$
$$(\lambda + 2\mu)\frac{\partial(\varepsilon_r + \varepsilon_\theta)}{\partial \theta} + 2\mu\frac{\partial \omega}{\partial r} + b_\theta = 0$$

여기서

$$\varepsilon_r + \varepsilon_\theta = \frac{1}{r}\frac{\partial(ru)}{\partial r} + \frac{1}{r}\frac{\partial v}{\partial \theta}$$
$$\omega = \frac{1}{2r}\left[\frac{\partial(rv)}{\partial r} - \frac{\partial u}{\partial \theta}\right]$$

응력기반 방정식

응력기반 방정식을 유도하기 위해서는 적합방정식을 응력의 항으로 나타내는 과정을 거쳐야하며 유도과정은 앞에서 살펴본 직교좌표계에서의 과정과 동일하다.

$$\nabla^2(\sigma_r + \sigma_\theta) = -\frac{1}{1-\nu}\left(\frac{\partial b_r}{\partial r} + \frac{1}{r}\frac{\partial b_\theta}{\partial \theta} + \frac{b_r}{r}\right) \tag{7.7}$$

여기서

$$\nabla^2 = \frac{\partial^2}{\partial r^2} + \frac{1}{r}\frac{\partial}{\partial r} + \frac{1}{r^2}\frac{\partial^2}{\partial \theta^2}$$

만일 체력이 없는 경우의 적합방정식 (7.7)은 다음과 같이 된다.

$$\nabla^2(\sigma_r + \sigma_\theta) = 0 \tag{7.8}$$

평면응력

극 좌표계에서도 직교 좌표계와 동일한 조건에 의해서 평면응력 상태에서의 방정식을 유도할 수 있다. 평면응력에서의 변형률-변위 관계식은 평면변형률의 경우와 동일하다.

응력-변형률 관계식

평면응력 조건에서 $\sigma_z = \tau_{rz} = \tau_{\theta z} = 0$ 이므로 변형률-응력 관계식은 다음과 같이 주어진다.

$$
\begin{aligned}
\varepsilon_r &= \frac{1}{E}(\sigma_r - \nu\sigma_\theta) \\
\varepsilon_\theta &= \frac{1}{E}(\sigma_\theta - \nu\sigma_r) \\
\gamma_{r\theta} &= \frac{\tau_{r\theta}}{G}
\end{aligned}
$$

또는 응력-변형률 관계식으로 표시하면 다음과 같다.

$$
\begin{aligned}
\sigma_r &= \frac{E}{1-\nu^2}(\varepsilon_r + \nu\varepsilon_\theta) \\
\sigma_\theta &= \frac{E}{1-\nu^2}(\varepsilon_\theta + \nu\varepsilon_r) \\
\tau_{r\theta} &= G\gamma_{r\theta}
\end{aligned} \tag{7.9}
$$

평형방정식

평형방정식은 다음과 같이 쓸 수 있다.

$$
\begin{aligned}
\frac{\partial\sigma_r}{\partial r} + \frac{1}{r}\frac{\partial\tau_{r\theta}}{\partial\theta} + \frac{1}{r}(\sigma_r - \sigma_\theta) + b_r = 0 \\
\frac{\partial\tau_{r\theta}}{\partial r} + \frac{1}{r}\frac{\partial\sigma_\theta}{\partial\theta} + \frac{2\tau_{r\theta}}{r} + b_\theta = 0
\end{aligned} \tag{7.10}
$$

또한 적합방정식을 응력 항으로 나타내면 다음과 같으며 유도과정은 직교 좌표계에서의 과정과 동일하다.

$$
\nabla(\sigma_r + \sigma_\theta) = -(1+\nu)\left(\frac{\partial b_r}{\partial r} + \frac{1}{r}\frac{\partial b_\theta}{\partial\theta} + \frac{b_r}{r}\right)
$$

만일 체력을 고려하지 않으면 적합방정식은 다음과 같으며 평면변형률의 경우와 동일하다.

$$
\nabla^2(\sigma_r + \sigma_\theta) = 0 \tag{7.11}
$$

7.3 응력의 변환

문제에 따라서는 좌표계를 옮겨다니며 결과를 기술해야되는 경우도 발생한다. 예를 들어 극좌표로 표시된 응력을 직교 좌표계로 변환해야 하거나 그 반대의 작업을 수행해야 할 경우도 종종 있다. 앞에서 학습한 응력변환의 내용에서 식(3.16)을 참조하여 극 좌표계-직교 좌표계의 변환으로 바로 적용할 수 있으며 그 결과는 다음과 같이 정리할 수 있다.

$$
\begin{aligned}
\sigma_r &= \sigma_x \cos^2\theta + \sigma_y \sin^2\theta + 2\tau_{xy}\sin\theta\cos\theta \\
\tau_{r\theta} &= (\sigma_y - \sigma_x)\sin\theta\cos\theta + \tau_{xy}(\cos^2\theta - \sin^2\theta) \\
\sigma_\theta &= \sigma_x \sin^2\theta + \sigma_y \cos^2\theta - 2\tau_{xy}\sin\theta\cos\theta
\end{aligned}
$$

또는 직교 좌표계-극 좌표계의 형태로 다음과 같이 쓸 수 있다.

$$
\begin{aligned}
\sigma_x &= \sigma_r \cos^2\theta + \sigma_\theta \sin^2\theta - 2\tau_{r\theta}\sin\theta\cos\theta \\
\tau_{xy} &= (\sigma_r - \sigma_\theta)\sin\theta\cos\theta + \tau_{r\theta}(\cos^2\theta - \sin^2\theta) \\
\sigma_y &= \sigma_r \sin^2\theta + \sigma_\theta \cos^2\theta + 2\tau_{r\theta}\sin\theta\cos\theta
\end{aligned}
$$

연습문제

1. 평면응력 조건에서의 변위기반 방정식(Navier 방정식) (7.6)을 유도하시오.
2. 평면변형률 방정식 (7.6)을 참조하여 평면응력 조건에서의 변위기반 방정식 (Navier 방정식)을 유도하시오.

제8장 탄성방정식의 해법

- 압축을 받는 원통형 물체(a cylinder under compression)
- 열탄성 문제(Thermoealstic problem)
- 축대칭 문제(Axisymmetric problems)

8.1 해석방법

앞에서 유도하고 정리한 탄성방정식은 편미분 방정식으로서 주어진 경계조건을 만족시키는 해를 구해야 하는 것으로 일반적으로 해석적인 방법으로는 해를 구하기가 매우 어렵다. 이번 장에서는 방정식의 해를 구하는 과정을 체계적으로 짚어가며 설명하기로 하며 원통 문제, 열탄성 문제, 축대칭 문제에 대한 해법이 소개된다. 먼저, 탄성문제를 해석하는 방법의 종류를 다음과 같이 분류해 볼 수 있다.

- 직접법(direct method): 탄성방정식을 경계조건을 적용하여 직접적으로 적분을 수행하여 해를 찾아가는 방법이다. 이 방법은 직관적이기는 하나 실제적으로 해를 구할 수 있는 경우는 매우 제한적이다.
- 역해석법(inverse method): 응력이나, 변형률을 가정하고 이를 해당하는 문제의 경계조건을 만족하는가를 검증하는 방법이다. 또는 해를 먼저 가정하고 탄성방정식에 대입하여 어떠한 문제에 적합한지를 찾는 방법이다.
- 반역해석법(semi-inverse method): 먼저 경계조건의 일부만을 만족시키는 해를 가정하고 적분을 수행해 나가면서 나머지 경계조건 등을 만족시키는 해를 찾는 방법이다.

- 수치해석법(numerical method): 예전에는 유한차분법(finite difference methods)도 사용되었으나 최근의 경향은 유한요소법(finite element methods)이 가장 널리 쓰인다.

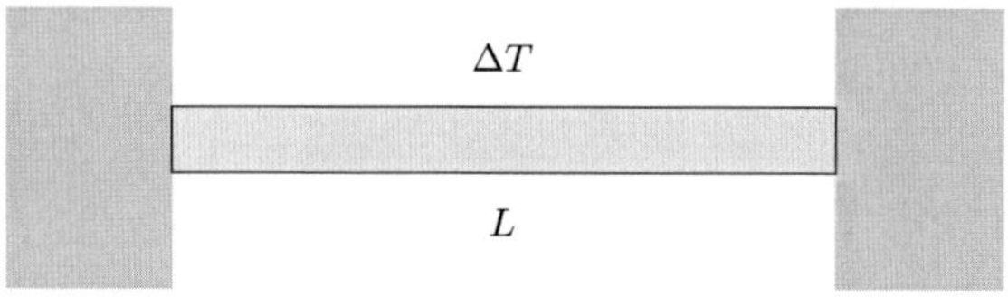

그림 8.1: 막대에서의 열응력과 열변형률

8.2 열탄성

그림 8.1에서와 같이 길이 L인 막대가 있으며 양끝이 벽에 고정되어 변형이 제한되고 있다. 이때 온도변화 ΔT가 주어졌을 때 막대의 응력과 변형률을 구하는 문제를 생각해보자. 해석과정은 그림 6.7에서 설명한 것과 동일한 과정을 밟게 된다. 즉, 열탄성-응력-변형률 관계식과 평형방정식을 사용하여 응력기반 방정식을 만들고 해를 구하는 과정이다. 여기서는 평면응력조건을 고려하여 다음과 같이 가정한다.

$$\sigma_x = \sigma_x(y)$$
$$\sigma_y = \tau_{xy} = 0$$

위식을 평형방정식 (6.17)에 대입하면 조건을 만족함을 알 수 있다. 또한, 위식을 열탄성 적합방정식 (6.28)에 대입하면 응력으로 표시된 적합방정식을 얻게 된다.

$$\frac{d^2}{dy^2}(\sigma_x + \alpha E \Delta T) = 0$$

위식을 y에 대하여 두 번 적분을 수행하면 다음과 같다.

$$\sigma_x = -\alpha E \Delta T + c_1 y + c_2 \tag{8.1}$$

여기서 c_1, c_2는 적분상수이다. 그런데, 보의 양끝이 벽에 고정되어 있으므로 경계조건에 의해서 $\varepsilon_x = 0$이며 응력은 $\sigma_y = \tau_{xy} = 0$이다. 적분상수를 구하기 위해서

열탄성 변형률-응력 관계식 (6.26)에 주어진 경계조건들을 적용하면

$$
\begin{aligned}
\cancel{\varepsilon_x} &= \frac{1}{E}(\sigma_x - \nu \cancel{\sigma_y}) + \alpha \Delta T \\
\varepsilon_y &= \frac{1}{E}(\cancel{\sigma_y} - \nu \sigma_x) + \alpha \Delta T \\
\gamma_{xy} &= \frac{\tau_{xy}}{G} = 0
\end{aligned}
$$

첫 번째 식에 식(8.1)의 σ_x를 대입하여 정리하면 적분상수는 $c_1 = c_2 = 0$이 됨을 알 수 있다. 따라서 열응력은 $\sigma_x = -\alpha E \Delta T$ 가 된다. 또한 두 번째 식에 σ_x의 값을 대입하면 열 변형률은 $\varepsilon_y = (1+\nu)\alpha\Delta T$ 이며 $\tau_{xy} = 0$의 조건으로부터 $\gamma_{xy} = 0$ 임을 알 수 있다. 이 문제의 결과로 부터 알 수 있는 것은 온도변화로 인하여 발생한 열응력 σ_x와 열 변형률 ε_y는 y 물체 내에서 균일하다는 점이다. 이와 같이 탄성론을 사용하여 문제를 해석하면 단순히 해를 구하는 것에 그치지 않고 주어진 문제에서 발생하는 물리적 현상에 대한 통찰력을 얻게 되는 장점이 있다.

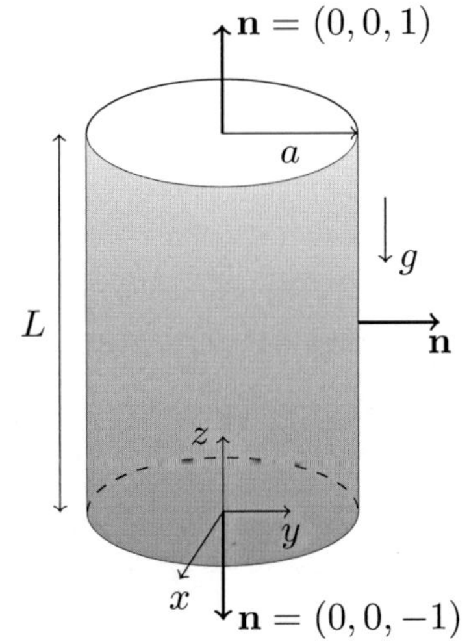

그림 8.2: 자체 무게로 인하여 압축을 받고 있는 원통형 물체

8.3 원통형 물체의 압축

이번에는 그림 8.2에서와 같이 반지름 a, 길이가 L인 원통이 평평한 바닥에 세워져 있으며 자체 무게로 인한 압축을 받고 있는 문제를 생각해 보기로 한다. 해석을 위해서 직교 좌표계를 도입하기로 한다.

평형방정식

원통에 가해지는 힘은 자체 질량으로 인하여 발생하므로 체력으로 간주하여 $b_z = -\rho g$로 놓을 수 있으며 ρ는 원통의 밀도, g는 중력 가속도이다. 먼저 평형방정식 (3.30)을 도입하고 주어진 조건을 적용하면 다음과 같다.

$$
\begin{aligned}
\frac{\partial \sigma_x}{\partial x} + \frac{\partial \tau_{yx}}{\partial y} + \frac{\partial \tau_{zx}}{\partial z} + \cancel{b_x} = 0 \\
\frac{\partial \tau_{xy}}{\partial x} + \frac{\partial \sigma_y}{\partial y} + \frac{\partial \tau_{zy}}{\partial z} + \cancel{b_y} = 0 \\
\frac{\partial \tau_{zx}}{\partial x} + \frac{\partial \tau_{zy}}{\partial y} + \frac{\partial \sigma_z}{\partial z} - \rho g = 0
\end{aligned}
\tag{8.2}
$$

여기서 $b_x = b_y = 0$.

경계조건

이번에는 위의 미분방정식을 풀기위한 경계조건에 대해서 알아보기로 한다. 그림 8.2에서와 같이 원통 표면에서의 경계조건은 윗면, 원통둘레 및 아랫면의 세 부분으로 각각 나누어서 결정해야 한다.

1. 윗면: 원통의 윗면($z = L$)에서 작용하는 응력이 없으므로 응력벡터는 0이된다. 면에 대한 단위 법선벡터는 $\mathbf{n} = \mathbf{e}_z = (0, 0, 1)$이며, 따라서 경계조건은 $\sigma_z = \tau_{xz} = \tau_{yz} = 0$ 으로 줄 수 있다.

2. 원통둘레: 원통둘레 면에서 작용하는 응력이 없으므로 응력벡터는 0이된다. 즉, $\mathbf{t}^{(n)} = \mathbf{n} \cdot \boldsymbol{\sigma} = 0$. 즉,

$$
\begin{aligned}
\sigma_x n_x + \tau_{xy} n_y + \tau_{xz} n_z = 0 \\
\tau_{xy} n_x + \sigma_y n_y + \tau_{yz} n_z = 0 \\
\tau_{xz} n_x + \tau_{yz} n_y + \sigma_z n_z = 0
\end{aligned}
$$

여기서 단위법선벡터 $\mathbf{n}$은 원통둘레($x^2+y^2=a^2$)를 이루는 면에 수직인 벡터를 의미한다. 또한, 원통둘레에서의 단위법선벡터 $\mathbf{n}$은 다음과 같이 계산된다. 먼저 원통둘레를 표시하기 위한 함수 $F(x,y,z)$를 다음과 같이 정의한다.

$$F(x,y,z) = x^2 + y^2 - a^2 = 0$$

함수의 구배를 취하면

$$\text{grad}F(x,y,z) = 2x\mathbf{e}_x + 2y\mathbf{e}_y$$

따라서 단위법선벡터는 다음과 같이 계산된다.

$$\begin{aligned}\mathbf{n} &= \frac{\text{grad}F}{|\text{grad}F|} \\ &= \frac{2x\mathbf{e}_x + 2y\mathbf{e}_y}{\sqrt{(2x)^2+(2y)^2}} \\ &= \frac{x}{a}\mathbf{e}_x + \frac{y}{a}\mathbf{e}_y\end{aligned}$$

결과적으로 단위법선벡터의 성분은 다음과 같다.

$$n_x = \frac{x}{a}, \quad n_y = \frac{y}{a}, \quad n_z = 0$$

3. 아랫면: 원통의 아랫면($z=0$)에서의 경계조건은 전단응력 $\tau_{xz}=\tau_{yz}=0$으로 줄 수 있고 바닥과 접촉하고 있으므로 원통의 변위는 $w=0$ 로 놓는다.

여기서 1번과 2번의 경계조건은 응력 경계조건이 되며, 3번은 혼합 경계조건(응력+변위)임을 유의해야 한다.

응력해석

원통형 물체의 자체 무게에 의해서 발생되는 압축응력을 구하기 위해서 평형방정식 (8.2)의 해를 구해야 한다. 그러므로 방정식의 해를 구하기 위해서 필요한 가정을 도입한다. 즉, 경계조건에서 $\sigma_x=\sigma_y=\tau_{xy}=\tau_{yz}=\tau_{zx}=0$으로 가정하면 식(8.2)

에서 다음 항만 유일하게 남게 된다.

$$\frac{\partial \sigma_z}{\partial z} - \rho g = 0$$

양변에 z에 대한 적분을 수행하면 다음과 같다.

$$\sigma_z = \rho g z + c$$

여기서 c는 상수이며 경계조건 1번을 적용하면 즉, $z = L$에서 $\sigma_z = 0$을 사용하여 $c = -\rho g L$이 됨을 알 수 있으며 따라서 응력은 다음과 같이 주어진다.

$$\sigma_z = \rho g (z - L)$$

변형률 해석

이번에는 주어진 조건을 사용하여 변형률을 계산해보기로 한다. 변형률-응력 관계식 (5.6)에서 위의 결과를 적용하면 다음과 같은 식을 얻게 된다.

$$\begin{aligned}
\epsilon_x &= \frac{1}{E}\left[\cancel{\sigma_x} - \nu(\cancel{\sigma_y} + \sigma_z)\right] = -\frac{\nu}{E}\sigma_z = -\frac{\nu \rho g}{E}(z - L) \\
\epsilon_y &= \frac{1}{E}\left[\cancel{\sigma_y} - \nu(\cancel{\sigma_x} + \sigma_z)\right] = -\frac{\nu}{E}\sigma_z = -\frac{\nu \rho g}{E}(z - L) \\
\epsilon_z &= \frac{1}{E}\left[\sigma_z - \nu(\cancel{\sigma_x} + \cancel{\sigma_y})\right] = \frac{1}{E}\sigma_z = \frac{\rho g}{E}(z - L)
\end{aligned}$$

여기서 $\varepsilon_{xy} = \varepsilon_{yz} = \varepsilon_{zx} = 0$.

변위 해석

이제 마지막 단계로 변위를 구하는 과정을 알아보기로 한다. 변형률-변위 관계식 (4.6)을 사용하여

$$\varepsilon_x = \frac{\partial u}{\partial x} = -\frac{\nu\rho g}{E}(z-L)$$
$$\varepsilon_y = \frac{\partial v}{\partial y} = -\frac{\nu\rho g}{E}(z-L)$$
$$\varepsilon_z = \frac{\partial w}{\partial z} = \frac{\rho g}{E}(z-L)$$

위식에 적분을 취하고 변위에 대한 식으로 각각 정리하면 다음과 같이 주어진다.

$$u = -\frac{\nu\rho g}{E}x(z-L) + D(y,z)$$
$$v = -\frac{\nu\rho g}{E}y(z-L) + F(x,z)$$
$$w = \frac{\rho g}{E}\left(\frac{1}{2}z^2 - Lz\right) + G(x,y)$$

여기서 D, F ,G는 각각 해당되는 변수로 표시된 임의의 함수이며 더 이상 상수로 취급될 수 없다. 적분상수인 각 함수를 구하는 과정을 계속적으로 진행할 수는 있으나 지나치게 반복적인 수행을 거쳐야 하므로 이 문제에 대한 변위 해를 가늠하는 정도에서 마무리하고자 한다. 이 문제에서의 적분상수를 구하는 과정에 관심 있는 독자들은 참고문헌을 보기 바란다.

8.4 축대칭 문제

앞에서 3차원 물체를 2차원 물체로 근사화 시켜서 해석하는 방법을 여러 번에 걸쳐서 학습하였다. 더 나아가서 평면문제를 축대칭(axisymmetric)으로 가정하면 극좌표로 표현된 요소들 중 반지름 방향으로의 변위만 존재한다고 가정하여 문제의 해를 보다 수월하게 얻을 수 있는 장점이 있다. 원통에 축대칭 조건을 적용하면 $u = u(r)$, $v = w = 0$으로 놓을 수 있다. 축대칭 조건에서도 앞에서와 마찬가지로 평면변형률과 평면응력의 사례로 나누어서 필요한 방정식을 유도하게 된다. 먼저 축대칭 조건에 적합한 변형률-변위 관계식은 식(7.1)에서 다음과 같이 얻을 수 있다.

$$\varepsilon_r = \frac{du}{dr} \tag{8.3}$$
$$\varepsilon_\theta = \frac{2\pi(r+u) - 2\pi r}{2\pi r} = \frac{u}{r}$$

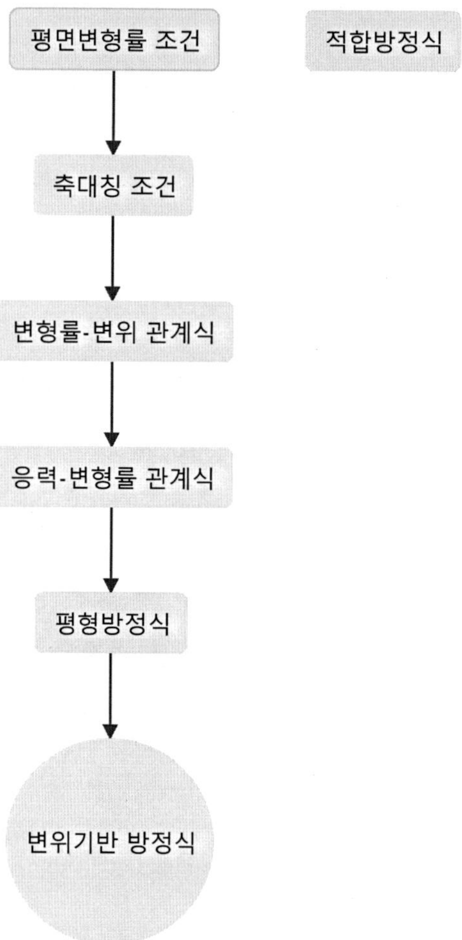

그림 8.3: 축대칭 평면응력 문제를 해석하는 과정

축대칭 평면응력

그림 8.3에서는 축대칭 평면응력 문제를 해석하기 위한 변위기반 방정식을 유도하는 과정을 보여주고 있으며 평면변형률 조건에 추가해서 축대칭 조건이 적용되는 것을 볼 수 있다. 평면응력 조건에서는 $\sigma_z = \tau_{rz} = \tau_{\theta z} = 0$으로 되며 축대칭 조건에서 $\tau_{r\theta} = 0$ 이된다. 그리고 응력-변형률 관계식은 식(7.9)에서와 동일하게 주어

진다.

$$\begin{aligned}\sigma_r &= \frac{E}{1-\nu^2}\left(\varepsilon_r + \nu\varepsilon_\theta\right)\\ \sigma_\theta &= \frac{E}{1-\nu^2}\left(\varepsilon_\theta + \nu\varepsilon_r\right)\end{aligned} \tag{7.9}$$

식(8.3)을 식(7.9)에 대입하면 다음과 같이 응력-변위 관계식을 얻을 수 있다.

$$\begin{aligned}\sigma_r &= \frac{E}{1-\nu^2}\left(\frac{du}{dr} + \nu\frac{u}{r}\right)\\ \sigma_\theta &= \frac{E}{1-\nu^2}\left(\frac{u}{r} + \nu\frac{du}{dr}\right)\end{aligned} \tag{8.4}$$

한편, 식(7.10)을 참조하여 체력이 없는 경우의 축대칭 평면응력 조건에서의 평형방정식은 다음과 같다.

$$\begin{aligned}\frac{\partial\sigma_r}{\partial r} + \cancel{\frac{1}{r}\frac{\partial\tau_{r\theta}}{\partial\theta}} + \frac{1}{r}\left(\sigma_r - \sigma_\theta\right) + \cancel{b_r} &= 0\\ \cancel{\frac{\partial\tau_{r\theta}}{\partial r}} + \cancel{\frac{1}{r}\frac{\partial\sigma_\theta}{\partial\theta}} + \cancel{\frac{2\tau_{r\theta}}{r}} + \cancel{b_\theta} &= 0\end{aligned}$$

정리하면 축대칭 평형방정식은 다음과 같이 주어진다.

$$\frac{d\sigma_r}{dr} + \frac{1}{r}(\sigma_r - \sigma_\theta) = 0 \tag{8.5}$$

여기서 모든 응력 항들이 변수 r만의 함수가 되므로 편미분에서 상미분방정식으로 전환되었음을 유의한다. 최종적으로 식(8.4)를 식(8.5)에 대입하면 변위로 표시된 방정식인 Navier 방정식을 다음과 같이 얻게 된다.

$$\frac{d^2u}{dr^2} + \frac{1}{r}\frac{du}{dr} - \frac{u}{r^2} = 0 \tag{8.6}$$

앞에서 유도한 식들을 사용하여 다루어 볼 축대칭 평면응력에 대한 문제들은 다음과 같다.

1. 압력이 걸린 두꺼운 두께의 원판(a pressurized thick walled disk)
2. 회전하는 원판(a rotating solid disk)

3. 회전하는 두꺼운 두께의 원판(a rotating thick-walled disk)
4. 원판에 대한 열탄성 문제(thermoelastic problems with disks)

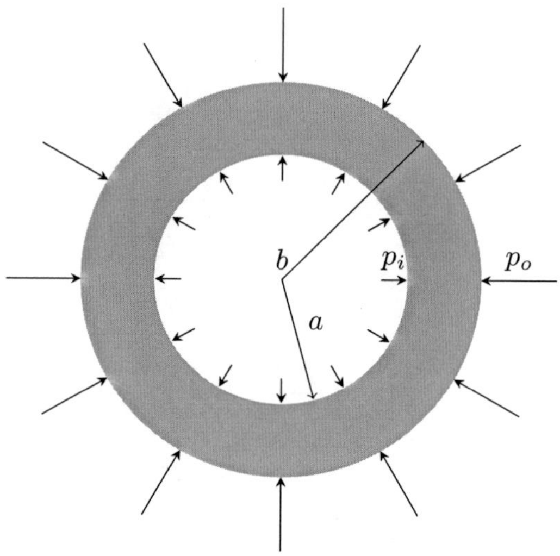

그림 8.4: 두꺼운 두께의 원판

두꺼운 두께의 원판

그림 8.4에서 보는 바와 같이 안쪽 반지름과 바깥 반지름이 각각 a와 b인 두께를 가지는 원판에서의 문제는 축대칭으로 볼 수 있으므로 방정식 (8.6)의 해인 $u(r)$를 다음과 같이 가정한다.

$$u(r) = c_1 r + \frac{c_2}{r} \tag{8.7}$$

여기서 c_1와 c_2는 미지의 상수이다. 식 (8.7)을 식(8.4)에 대입하면 다음과 같이 미지상수를 포함한 응력-변위 관계식을 얻게 된다.

$$\begin{aligned} \sigma_r(r) &= \frac{E}{1-\nu}\left[c_1(1+\nu) - c_2\left(\frac{1-\nu}{r^2}\right)\right] \\ \sigma_\theta(r) &= \frac{E}{1-\nu}\left[c_1(1+\nu) + c_2\left(\frac{1-\nu}{r^2}\right)\right] \end{aligned} \tag{8.8}$$

이 문제에서 경계조건은 원통의 안과 밖에서 각각 다음과 같이 주어진다.

$$\sigma_r(a) = -p_i, \qquad \sigma_r(b) = -p_o$$

식(8.8)에 위의 경계조건을 적용하고 c_1과 c_2에 대하여 풀어보면 다음과 같다.

$$\begin{aligned} c_1 &= \frac{(1-\nu)(a^2 p_i - b^2 p_o)}{E(b^2 - a^2)} \\ c_2 &= \frac{(1+\nu)a^2 b^2 (p_i - p_o)}{E(b^2 - a^2)} \end{aligned}$$

따라서 식(8.8)에서 응력은 다음과 같이 결정된다.

$$\begin{aligned} \sigma_r(r) &= \frac{a^2 p_i - b^2 p_o}{b^2 - a^2} - \frac{(p_i - p_o)a^2 b^2}{(b^2 - a^2)r^2} \\ \sigma_\theta(r) &= \frac{a^2 p_i - b^2 p_o}{b^2 - a^2} + \frac{(p_i - p_o)a^2 b^2}{(b^2 - a^2)r^2} \end{aligned}$$

또한 식(8.7)에서 변위는 다음과 같이 주어진다.

$$u(r) = \frac{(1-\nu)(a^2 p_i - b^2 p_o)r}{E(b^2 - a^2)} + \frac{(1+\nu)(p_i - p_o)a^2 b^2}{E(b^2 - a^2)r}$$

8.5 회전하는 원판

이번에는 회전하는 원판에 대한 문제를 알아보기로 한다. 얇은 두께의 원판이 원점을 중심으로 일정한 각속도 ω로 회전하는 경우에는 원심력 $\rho\omega^2 r$이 발생하며 이를 체력 $b_r = \rho\omega^2 r$ 로 간주한다. 여기서 ρ는 밀도, ω는 회전 각속도이다. 이때 식(7.5)에서 축대칭 평면응력 조건을 적용하여 평형방정식은 다음과 같이 정리할 수 있다.

$$\begin{aligned} \frac{\partial \sigma_r}{\partial r} + \cancel{\frac{1}{r}\frac{\partial \tau_{r\theta}}{\partial \theta}} + \frac{1}{r}(\sigma_r - \sigma_\theta) + b_r = 0 \\ \cancel{\frac{\partial \tau_{r\theta}}{\partial r}} + \cancel{\frac{1}{r}\frac{\partial \sigma_\theta}{\partial \theta}} + \cancel{\frac{2\tau_{r\theta}}{r}} + \cancel{b_\theta} = 0 \end{aligned}$$

위식을 정리하면 평형방정식은 다음과 같이 주어진다.

$$\frac{d\sigma_r}{dr} + \frac{1}{r}(\sigma_r - \sigma_\theta) = -b_r \tag{8.9}$$

원심력으로 인한 체력을 고려하고 응력-변위 관계식 (8.3)을 평형방정식 (8.9)에 대입하면 변위로 표시된 평형방정식은 다음과 같이 주어진다.

$$\frac{d^2u}{dr^2}+\frac{1}{r}\frac{du}{dr}-\frac{u}{r^2}=-\frac{1-\nu^2}{E}\rho\omega^2 r \tag{8.10}$$

식(8.10)은 비제차 미분방정식이므로 해는 일반해와 특수해로 구성된다. 일반해는 식(8.7)에서 이미 구했으므로 특수 해를 고려하여 전체 해를 표시하면 다음과 같다.

$$u(r)=c_1 r+\frac{c_2}{r}-\frac{\rho\omega^2 r^3(1-\nu^2)}{8E} \tag{8.11}$$

식(8.11)을 응력-변위 관계식 (8.4)에 대입하면 다음과 같은 회전하는 원판에서의 응력-변위 관계식을 얻게 된다.

$$\begin{aligned}\sigma_r &= \frac{E}{1+\nu}\left(\frac{1+\nu}{1-\nu}c_1-\frac{c_2}{r^2}\right)-\frac{3+\nu}{8}\rho\omega^2 r^2\\ \sigma_\theta &= \frac{E}{1+\nu}\left(\frac{1+\nu}{1-\nu}c_1+\frac{c_2}{r^2}\right)-\frac{1+3\nu}{8}\rho\omega^2 r^2\end{aligned} \tag{8.12}$$

여기서 미지상수 c_1과 c_2는 다음 절에서 적절한 조건을 적용하여 결정될 것이다.

회전하는 중실원판

변위 경계조건과 응력 경계조건이 동시에 주어지는 경우를 혼합 경계조건(mixed boundary condition)이라고 한다. 다음에서 주어진 경계조건은 변위와 응력 경계조건이다. 변위경계 조건은 원판의 중심에서 변위가 없으며, 응력 경계조건은 원판 외부에서 가해지는 응력이 없음을 보여준다.

$$u(0)=0, \qquad \sigma_r(b)=0$$

여기서, 변위가 $r=0$에서 무한대로 발산하는 것을 제외하기 위해서 $u=0$이 되어야 하므로 식(8.11)에서 $c_2=0$이 되어야 함을 알 수 있다. 또한, 식(8.12)에서 $\sigma_r(b)=0$을 적용하면

$$\frac{1+\nu}{1-\nu}c_1-\frac{1+3\nu}{8}\rho\omega^2 b^2=0$$

따라서 c_1과 c_2를 각각 식(8.11)과 식(8.12)에 대입하면 다음과 같이 변위와 응력을 다음과 같이 얻을 수 있다.

$$u(r) = \frac{1-\nu}{8E}\left[(3+\nu)\frac{r}{b} - (1+\nu)\left(\frac{r}{b}\right)^3\right]\rho\omega^2 b^3$$

$$\begin{aligned}\sigma_r &= \frac{3+\nu}{8}\left[1-\left(\frac{r}{b}\right)^2\right]\rho\omega^2 b^2 \\ \sigma_\theta &= \frac{1}{8}\left[(3+\nu)-(1+3\nu)\left(\frac{r}{b}\right)^2\right]\rho\omega^2 b^2\end{aligned} \tag{8.13}$$

회전하는 중공원판

회전하는 중공원판에서의 원판의 내부 $r = a$와 외부 $r = b$에서의 경계조건이 다음과 같이 주어지는 경우를 고려해보기로 한다.

$$\sigma_r(a) = 0, \qquad \sigma_r(b) = 0$$

식(8.12)에 경계조건을 대입하면 다음과 같은 두 개의 방정식을 얻게 되고 적분상수를 구할 수 있게 된다.

$$\begin{aligned}\frac{E}{1-\nu}c_1 &= \frac{3+\nu}{8}(a^2+b^2)\rho\omega^2 \\ \frac{E}{1+\nu}c_2 &= \frac{3+\nu}{8}a^2 b^2\rho\omega^2\end{aligned}$$

c_1과 c_2를 식(8.11)과 식(8.12)에 대입하면 변위와 응력을 다음과 같이 얻을 수 있다.

$$u(r) = \frac{(3+\nu)(1+\nu)}{8}\left[\frac{1-\nu}{1+\nu}\left[1+\left(\frac{a}{b}\right)^2\right]\frac{r}{b} + \left(\frac{a}{b}\right)^2\frac{b}{r} - \frac{1-\nu}{3+\nu}\left(\frac{r}{b}\right)^3\right]\rho\omega^2 b^3$$

$$\begin{aligned}\sigma_r &= \frac{3+\nu}{8}\left[1+\left(\frac{a}{b}\right)^2-\left(\frac{a}{r}\right)^2-\left(\frac{r}{b}\right)^2\right]\rho\omega^2 b^2 \\ \sigma_\theta &= \frac{3+\nu}{8}\left[1+\left(\frac{a}{b}\right)^2+\left(\frac{a}{r}\right)^2-\frac{1+3\nu}{3+\nu}\left(\frac{r}{b}\right)^2\right]\rho\omega^2 b^2\end{aligned} \tag{8.14}$$

8.6 원판의 열탄성

이번에는 원판의 열탄성 문제, 즉, 원판에 온도변화가 있을 때의 문제를 다루어 보기로 한다. 축대칭이며 평면응력인 상태에 대한 방정식들은 계속적으로 유효하나, 온도변화에 대한 열탄성 방정식으로서의 전환에 필요한 수정을 해주어야 한다. 먼저 열탄성 효과를 고려한 변형률-응력 관계식은 식(6.26)을 참조하여 다음과 같이 쓸 수 있다.

$$\varepsilon_r = \frac{1}{E}(\sigma_r - \nu\sigma_\theta) + \alpha\Delta T$$
$$\varepsilon_\theta = \frac{1}{E}(\sigma_\theta - \nu\sigma_r) + \alpha\Delta T$$

또는 행렬로 표시하면 다음과 같다.

$$\begin{Bmatrix} \varepsilon_r \\ \varepsilon_\theta \end{Bmatrix} = \frac{1}{E}\begin{bmatrix} 1 & -\nu \\ -\nu & 1 \end{bmatrix}\begin{Bmatrix} \sigma_r \\ \sigma_\theta \end{Bmatrix} + \begin{Bmatrix} \alpha\Delta T \\ \alpha\Delta T \end{Bmatrix}$$

위식을 응력-변형률 관계식으로 변환하면

$$\begin{Bmatrix} \sigma_r \\ \sigma_\theta \end{Bmatrix} = \frac{E}{1-\nu^2}\begin{bmatrix} 1 & \nu \\ \nu & 1 \end{bmatrix}\begin{Bmatrix} \varepsilon_r - \alpha\Delta T \\ \varepsilon_\theta - \alpha\Delta T \end{Bmatrix}$$

위식을 풀어쓰면 다음과 같다.

$$\sigma_r = \frac{E}{1-\nu^2}\left[(\varepsilon_r + \nu\varepsilon_\theta) - (1+\nu)\alpha\Delta T\right] \tag{8.15}$$
$$\sigma_\theta = \frac{E}{1-\nu^2}\left[(\varepsilon_\theta + \nu\varepsilon_r) - (1+\nu)\alpha\Delta T\right]$$

식(8.15)에 변형률-변위 관계식 (8.3)을 대입하여 정리하면 다음과 같이 응력-변위 관계식을 얻게 된다.

$$\sigma_r = \frac{E}{1-\nu^2}\left[\left(\frac{du}{dr} + \nu\frac{u}{r}\right) - (1+\nu)\alpha\Delta T\right] \tag{8.16}$$
$$\sigma_\theta = \frac{E}{1-\nu^2}\left[\left(\frac{u}{r} + \nu\frac{du}{dr}\right) - (1+\nu)\alpha\Delta T\right]$$

최종적으로 식(8.16)을 평형방정식 (8.5)에 대입하여 정리하면 다음과 같이 열탄성 변위기반 방정식을 얻게 된다.

$$\frac{d^2u}{dr^2} + \frac{1}{r}\frac{du}{dr} - \frac{u}{r^2} = (1+\nu)\alpha\frac{d(\Delta T)}{dr} \tag{8.17}$$

여기서 방정식 좌변은 다음과 동일함을 유의하여

$$\frac{d}{dr}\left(\frac{1}{r}\frac{d(ru)}{dr}\right) = (1+\nu)\alpha\frac{d(\Delta T)}{dr}$$

방정식을 적분하여 해를 구하면 다음과 같다.

$$u(r) = \frac{(1+\nu)\alpha}{r}\int_a^r \Delta T r\,dr + c_1 r + \frac{c_2}{r} \tag{8.18}$$

여기서 적분의 하한 a는 중실원판의 경우는 0으로 놓고 중공원판의 경우는 안쪽 반지름으로 놓으면 된다.

중공원판의 열탄성

위에서 유도한 방정식들을 사용하여 안쪽 반지름이 a이며 바깥쪽 반지름이 b인 중공원판의 열탄성 문제를 생각해 보기로 한다. 먼저, 경계조건은 $\sigma_r(a) = \sigma_r(b) = 0$으로 주면 외부에서 작용하는 응력은 없게 된다. 응력 경계조건을 적용하기 위해서 식(8.18)을 식(8.16)에 대입하면 응력은 다음과 같다.

$$\begin{aligned}\sigma_r &= -\frac{\alpha E}{r^2}\int_a^r \Delta T r\,dr + \frac{E}{1-\nu^2}\left[c_1(1+\nu) - \frac{c_2(1-\nu)}{r^2}\right] \\ \sigma_\theta &= \frac{\alpha E}{r^2}\int_a^r \Delta T r\,dr - \alpha E\Delta T + \frac{E}{1-\nu^2}\left[c_1(1+\nu) + \frac{c_2(1-\nu)}{r^2}\right]\end{aligned} \tag{8.19}$$

경계조건으로부터 계수 c_1, c_2는 다음과 같이 결정된다.

$$\begin{aligned}c_1 &= \frac{(1-\nu)\alpha}{b^2-a^2}\int_a^b \Delta T r\,dr \\ c_2 &= \frac{(1-\nu)\alpha a^2}{b^2-a^2}\int_a^b \Delta T r\,dr\end{aligned} \tag{8.20}$$

결과적으로 응력은 다음과 같이 주어진다.

$$\sigma_r = \alpha E\left[-\frac{1}{r^2}\int_a^r \Delta T r\, dr + \frac{r^2-a^2}{r^2(b^2-a^2)}\int_a^b \Delta T r\, dr\right]$$
$$\sigma_\theta = \alpha E\left[-\Delta T + \frac{1}{r^2}\int_a^r \Delta T r\, dr + \frac{r^2+a^2}{r^2(b^2-a^2)}\int_a^b \Delta T r\, dr\right]$$

중실원판의 열탄성

이번에는 중실원판의 열탄성 문제, 즉, 속이 찬 원판의 열탄성 문제에 대해서 알아보기로 한다. 먼저, $r=0$ 에서의 변위의 연속성이 보장되어야 하므로 식 (8.18)에서 $c_2=0$ 이 되어야 함을 알 수 있다. 원판의 바깥쪽에서의 경계조건을 $\sigma_r(b)=0$ 으로 적용하면 식(8.20)의 첫 번째 식으로부터 계수 c_1은 다음과 같이 결정된다.

$$c_1 = \frac{(1-\nu)\alpha}{b^2}\int_0^b \Delta T r\, dr$$

이제 c_1과 c_2를 식(8.19)에 각각 대입하면 다음과 같은 결과를 얻을 수 있다.

$$\sigma_r = \alpha E\left[\frac{1}{b^2}\int_0^b \Delta T r\, dr - \frac{1}{r^2}\int_0^r \Delta T r\, dr\right]$$
$$\sigma_\theta = \alpha E\left[-\Delta T + \frac{1}{b^2}\int_0^b \Delta T r\, dr + \frac{1}{r^2}\int_0^r \Delta T r\, dr\right]$$

8.7 축대칭 평면변형률

그림 8.5에서는 축대칭 평면변형률 문제를 해석하기 위한 변위기반 방정식을 유도하는 과정을 보여주고 있다. 평면변형률 조건에서는 변형률을 $\varepsilon_z=\gamma_{rz}=\gamma_{\theta z}=0$ 으로 간주하게 된다. 그러므로 응력-변형률 관계식은 식(7.3)와 동일하게 된다.

$$\begin{aligned}\sigma_r &= 2\mu\varepsilon_r + \lambda(\varepsilon_r+\varepsilon_\theta)\\ \sigma_\theta &= 2\mu\varepsilon_\theta + \lambda(\varepsilon_r+\varepsilon_\theta)\\ \tau_{r\theta} &= \mu\gamma_{r\theta}\end{aligned} \tag{7.3}$$

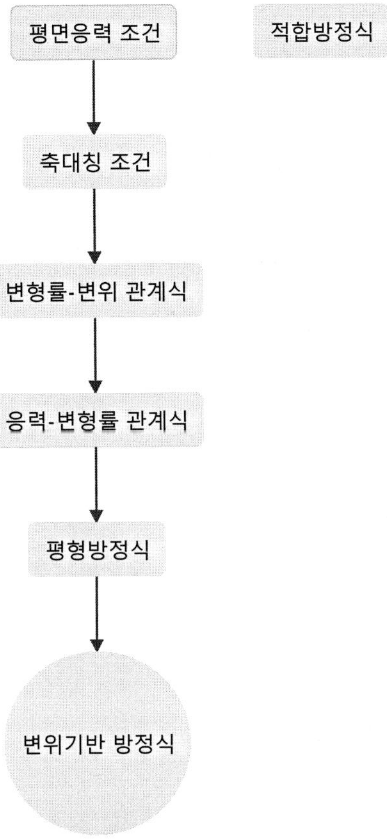

그림 8.5: 축대칭 평면변형률 문제를 해석하는 과정

축대칭 조건에 의해서 $\gamma_{r\theta} = 0$이다. 또한, 식(8.3)을 식(7.3)에 대입하면 다음과 같은 응력-변위 관계식을 얻을 수 있다.

$$\sigma_r = (2\mu + \lambda)\frac{du}{dr} + \lambda\frac{u}{r} \qquad (8.21)$$
$$\sigma_\theta = (2\mu + \lambda)\frac{u}{r} + \lambda\frac{du}{dr}$$

한편, 평형방정식 (7.10)은 체력이 없는 경우 다음과 같이 조정된다.

$$
\begin{aligned}
\frac{\partial \sigma_r}{\partial r} + \cancel{\frac{1}{r}\frac{\partial \tau_{r\theta}}{\partial \theta}} + \frac{1}{r}(\sigma_r - \sigma_\theta) + \cancel{b_r} = 0 \\
\cancel{\frac{\partial \tau_{r\theta}}{\partial r}} + \cancel{\frac{1}{r}\frac{\partial \sigma_\theta}{\partial \theta}} + \cancel{\frac{2\tau_{r\theta}}{r}} + \cancel{b_\theta} = 0
\end{aligned}
$$

정리하면 평형방정식은 다음과 같이 주어진다.

$$
\frac{d\sigma_r}{dr} + \frac{1}{r}(\sigma_r - \sigma_\theta) = 0 \tag{8.22}
$$

최종적으로 식(8.22)에 식(8.26)을 대입하면 변위기반 방정식인 Navier 방정식을 다음과 같이 얻게 된다.

$$
\frac{d^2u}{dr^2} + \frac{1}{r}\frac{du}{dr} - \frac{u}{r^2} = 0 \tag{8.23}
$$

결과적으로 식(8.6)에서 주어진 축대칭 평면응력의 경우와 동일한 방정식을 얻게 된다.

8.8 원통의 열탄성

앞에서는 평면응력 조건이 적용되는 열탄성 문제에 대해서 알아보았다. 이번에는 원통의 열탄성, 즉, 축대칭에서의 평면변형률 조건 $w = 0$ 또는 $\varepsilon_z = 0$ 을 적용하여 살펴보기로 한다. 먼저, 열탄성 변형률-응력 관계식은 6.4절을 참조하여 다음과 같이 쓸 수 있다.

$$
\begin{aligned}
\varepsilon_r &= \frac{1}{E}\left[\sigma_r - \nu(\sigma_\theta + \sigma_z)\right] + \alpha\Delta T \\
\varepsilon_\theta &= \frac{1}{E}\left[\sigma_\theta - \nu(\sigma_r + \sigma_z)\right] + \alpha\Delta T \\
\varepsilon_z &= \frac{1}{E}\left[\sigma_z - \nu(\sigma_r + \sigma_\theta)\right] + \alpha\Delta T
\end{aligned} \tag{8.24}
$$

여기서 $\varepsilon_z = 0$ 이 되므로 식(8.24)에서의 마지막 식은 다음과 같은 결과를 준다.

$$
\sigma_z = \nu(\sigma_r + \sigma_\theta) - \alpha E \Delta T
$$

위식을 식(8.24)의 첫 번째와 두 번째 식에 대입하여 정리하면 다음과 같은 식을 얻게 된다.

$$\varepsilon_r = \frac{1+\nu}{E}\left[(1-\nu)\sigma_r - \nu\sigma_\theta + \alpha ET\right]$$
$$\varepsilon_\theta = \frac{1+\nu}{E}\left[(1-\nu)\sigma_\theta - \nu\sigma_r + \alpha ET\right]$$

행렬로 표시하면 다음과 같다.

$$\begin{Bmatrix} \varepsilon_r \\ \varepsilon_\theta \end{Bmatrix} = \frac{1+\nu}{E}\begin{bmatrix} 1-\nu & -\nu \\ -\nu & 1-\nu \end{bmatrix}\begin{Bmatrix} \sigma_r \\ \sigma_\theta \end{Bmatrix} + \frac{1+\nu}{E}\begin{Bmatrix} \alpha E\Delta T \\ \alpha E\Delta T \end{Bmatrix}$$

위식에서 항들을 정리하여 응력-변형률 관계식으로 표시하면 다음과 같다.

$$\begin{Bmatrix} \sigma_r \\ \sigma_\theta \end{Bmatrix} = \frac{E}{(1+\nu)(1-2\nu)}\begin{bmatrix} 1-\nu & \nu \\ \nu & 1-\nu \end{bmatrix}\begin{Bmatrix} \varepsilon_r - (1+\nu)\alpha\Delta T \\ \varepsilon_\theta - (1+\nu)\alpha\Delta T \end{Bmatrix} \tag{8.25}$$

식(8.25)에 축대칭에서의 변형률-변위 관계식 (8.3)을 대입하여 정리하면 다음과 같은 응력-변위 관계식을 얻게 된다.

$$\sigma_r = \frac{E}{(1+\nu)(1-2\nu)}\left[(1-\nu)\frac{du}{dr} + \nu\frac{u}{r} - (1+\nu)\alpha\Delta T\right] \tag{8.26}$$
$$\sigma_\theta = \frac{E}{(1+\nu)(1-2\nu)}\left[(1-\nu)\frac{u}{r} + \nu\frac{du}{dr} - (1+\nu)\alpha\Delta T\right]$$

최종적으로 식(8.26)을 평형방정식 (8.22)에 대입하여 정리하면 열탄성 변위기반 방정식을 다음과 같이 얻게 된다.

$$\frac{d^2u}{dr^2} + \frac{1}{r}\frac{du}{dr} - \frac{u}{r^2} = -\frac{(1+\nu)}{(1-\nu)}\alpha\frac{d(\Delta T)}{dr} \tag{8.27}$$

해를 구하기 위해서 방정식을 적분하면 변위는 다음과 같이 얻어진다.

$$u(r) = \frac{(1+\nu)\alpha}{(1-\nu)r}\int_a^r \Delta T r\,dr + c_1 r + \frac{c_2}{r} \tag{8.28}$$

식(8.28)을 식(8.26)에 대입하면 응력은 다음과 같이 주어진다.

$$\begin{aligned}\sigma_r &= \frac{E}{1+\nu}\left[-\frac{(1+\nu)\alpha}{(1-\nu)r^2}\int_a^r \Delta T r\,dr + \frac{c_1}{1-2\nu} - \frac{c_2}{r^2}\right] \\ \sigma_\theta &= \frac{E}{1+\nu}\left[\frac{(1+\nu)\alpha}{(1-\nu)r^2}\int_a^r \Delta T r\,dr - \frac{(1+\nu)\alpha E\Delta T}{(1-\nu)} + \frac{c_1}{1-2\nu} + \frac{c_2}{r^2}\right]\end{aligned} \tag{8.29}$$

또한, 축방향의 응력은 다음과 같이 결정된다.

$$\sigma_z = -\frac{\alpha E\Delta T}{1-\nu} + \frac{2\nu E c_1}{(1+\nu)(1-2\nu)} \tag{8.30}$$

그러므로 문제에 따라 주어진 경계조건을 적용하여 계수 c_1을 구하는 과정을 수행하면 응력과 변위를 얻을 수 있게 된다.

중실원통의 열탄성

반지름이 b 인 중실원통(solid cylinder)에서 $r=0$이 되는 중심에서는 변위가 0이 되어야 하므로 식(8.28)에서 $c_2=0$ 이 되어야 함을 알 수 있다. 또한, 원통의 바깥쪽에서 반지름 방향으로 작용하는 응력이 없다고 하면, 즉, $\sigma_r(b)=0$, 식(8.29)의 첫 번째 식에 경계조건을 적용하여 c_1에 대하여 풀면 다음과 같다.

$$c_1 = \frac{(1+\nu)(1-2\nu)\alpha}{(1-\nu)b^2}\int_0^b \Delta T r\,dr$$

여기서 얻은 c_1 을 식(8.29)와 식(8.30)에 대입하면 다음과 같이 응력이 결정된다.

$$\begin{aligned}\sigma_r &= \frac{\alpha E}{1-\nu}\left[\frac{1}{b^2}\int_0^b \Delta T r\,dr - \frac{1}{r^2}\int_a^b \Delta T r\,dr\right] \\ \sigma_\theta &= \frac{\alpha E}{1-\nu}\left[-\Delta T + \frac{1}{b^2}\int_0^b \Delta T r\,dr + \frac{1}{r^2}\int_0^r \Delta T r\,dr\right] \\ \sigma_z &= \frac{\alpha E}{1-\nu}\left[\frac{2\nu}{b^2}\int_0^b \Delta T r\,dr - \Delta T\right]\end{aligned}$$

중공원통의 열탄성

중공원통 문제에서는 경계조건이 $\sigma_r(a) = \sigma_r(b) = 0$으로 주어지므로 식(8.29)에 각각 대입하면 다음과 같이 계수를 구할 수 있다.

$$
\begin{aligned}
c_1 &= \frac{(1+\nu)(1-2\nu)\alpha}{(1-\nu)(b^2-a^2)} \int_a^b \Delta T r\, dr - \nu\varepsilon_z \\
c_2 &= \frac{(1+\nu)a^2\alpha}{(1-\nu)(b^2-a^2)} \int_a^b \Delta T r\, dr
\end{aligned}
$$

위식에서 얻어진 계수를 식(8.29)에 대입하면 다음과 같이 응력이 결정된다.

$$
\begin{aligned}
\sigma_r &= \frac{E}{1-\nu}\left[-\frac{\alpha}{r^2}\int_a^r \Delta T r\, dr + \frac{(r^2-a^2)\alpha}{r^2(b^2-a^2)}\int_a^b \Delta T r\, dr\right] \\
\sigma_\theta &= \frac{E}{1-\nu}\left[-\Delta T + \frac{\alpha}{r^2}\int_a^r \Delta T r\, dr + \frac{(r^2+a^2)\alpha}{r^2(b^2-a^2)}\int_a^b \Delta T r\, dr\right] \\
\sigma_z &= \frac{\alpha E}{1-\nu}\left[\frac{2\nu}{b^2-a^2}\int_a^b \Delta T r\, dr - \Delta T\right]
\end{aligned}
$$

연습문제

1. 두꺼운 두께의 원통에서 내부에서의 압력 p_i만이 작용할 때의 응력 σ_r, σ_θ를 구하고 다음과 같음을 보이시오. 단, 원통의 안쪽 반지름은 a, 바깥 반지름은 b 이다.

$$
\begin{aligned}
\sigma_r &= \frac{a^2 p_i}{b^2-a^2}\left(1 - \frac{b^2}{r^2}\right) \\
\sigma_\theta &= \frac{a^2 p_i}{b^2-a^2}\left(1 + \frac{b^2}{r^2}\right)
\end{aligned}
$$

2. 두꺼운 두께의 원통에서 외부에서의 압력 p_o만이 작용할 때의 응력 σ_r, σ_θ를 구하고 다음과 같음을 보이시오. 단, 원통의 안쪽 반지름은 a, 바깥 반지름은

b 이다.

$$\sigma_r = -\frac{b^2 p_o}{b^2 - a^2}\left(1 - \frac{a^2}{r^2}\right)$$
$$\sigma_\theta = \frac{b^2 p_o}{b^2 - a^2}\left(1 + \frac{a^2}{r^2}\right)$$

3. 두꺼운 두께의 원통에서 내부와 외부에서의 압력이 p로 동일할 때 반지름 방향의 변위가 다음과 같음을 보이시오. 단, 원통의 안쪽 반지름은 a, 바깥 반지름은 b 이다.

$$u(r) = -\frac{1-\nu^2}{E} pr$$

4. 식(8.13)에서 주어진 회전하는 중실원판에서의 응력 σ_r에 대한 수정식을 반지름 $0 \le r \le b$에 대하여 그래프로 나타내시오.

$$\frac{8\sigma_r}{(3+\nu)\rho\omega^2 b^2} = 1 - \left(\frac{r}{b}\right)^2$$

5. 식(8.14)에서 주어진 회전하는 중공원판에서의 응력 σ_r에 대한 수정식을 반지름 $a \le r \le b$에 대하여 그래프로 나타내시오. 단, $b = 3a$.

$$\frac{8\sigma_r}{(3+\nu)\rho\omega^2 b^2} = 1 + \left(\frac{a}{b}\right)^2 - \left(\frac{a}{r}\right)^2 - \left(\frac{r}{b}\right)^2$$

제9장 응력함수 해법

- Airy 응력함수(Airy's stress function)
- 응력기반 방정식(Stress formulation)
- 열탄성(Thermoelasticity)

9.1 Airy의 응력함수

8장에서는 주로 직접 및 역해석 방법 등을 사용하여 탄성방정식의 해를 구하는 방법에 대하여 알아보았다. 이번 장에서는 응력함수를 도입하여 2차원 문제에 대한 해를 구하는 방법을 살펴보고자 한다. 비록 평면문제에만 주로 적용되는 방법이지만 적절한 응력함수를 찾아낼 수 있다면 보다 많은 문제에 대한 답을 구할 수 있을 것이다.

함수 $\phi = \phi(x, y)$를 다음과 같이 정의하고 이를 Airy의 응력함수(Airy's stress function)라고 한다.

$$\begin{aligned} \sigma_x &= \frac{\partial^2 \phi}{\partial y^2} \\ \sigma_y &= \frac{\partial^2 \phi}{\partial x^2} \\ \tau_{xy} &= -\frac{\partial^2 \phi}{\partial x \partial y} \end{aligned} \tag{9.1}$$

단, 위식은 체력이 포함되지 않은 경우이다. 응력함수로 표시된 응력을 사용하여 평형방정식 (6.4) 또는 (6.17)에 대입하면, 다음과 같은 결과를 얻게 되므로 Airy 응력함수는 평형방정식을 만족시킴을 알 수 있다.

$$\frac{\partial \sigma_x}{\partial x} + \frac{\partial \tau_{xy}}{\partial y} = \frac{\partial^3 \phi}{\partial y^2 \partial x} - \frac{\partial^3 \phi}{\partial x \partial y^2} = 0$$
$$\frac{\partial \tau_{yx}}{\partial x} + \frac{\partial \sigma_y}{\partial y} = -\frac{\partial^3 \phi}{\partial x^2 \partial y} + \frac{\partial^3 \phi}{\partial x^2 \partial y} = 0$$

체력이 포함된 경우

만일 체력이 보존량이 된다면, V를 사용하여 다음과 같이 정의할 수 있다.

$$b_x = -\frac{\partial V}{\partial x}, \qquad b_y = -\frac{\partial V}{\partial y} \tag{9.2}$$

따라서 응력함수도 다음과 같이 체력을 포함한 내용으로 다시 정의한다.

$$\sigma_x = \frac{\partial^2 \phi}{\partial y^2} + V, \quad \sigma_y = \frac{\partial^2 \phi}{\partial x^2} + V, \quad \tau_{xy} = -\frac{\partial^2 \phi}{\partial x \partial y} \tag{9.3}$$

위식을 평형방정식에 대입하기 위하여 각 항별로 다음과 같이 미분을 취한다.

$$\frac{\partial \sigma_x}{\partial x} = \frac{\partial^3 \phi}{\partial y^2 \partial x} + \frac{\partial V}{\partial x}$$
$$\frac{\partial \sigma_y}{\partial y} = \frac{\partial^3 \phi}{\partial x^2 \partial y} + \frac{\partial V}{\partial y}$$
$$\frac{\partial \tau_{xy}}{\partial y} = -\frac{\partial^3 \phi}{\partial x \partial y^2}$$
$$\frac{\partial \tau_{yx}}{\partial x} = -\frac{\partial^3 \phi}{\partial x \partial y^2}$$

위식에서 해당하는 항들을 식(6.4) 또는 (6.17)에 각각 대입하여 다음과 같이 평형방정식을 만족시킴을 확인할 수 있다.

$$\frac{\partial \sigma_x}{\partial x} + \frac{\partial \tau_{xy}}{\partial y} + b_x = \frac{\partial^3 \phi}{\partial y^2 \partial x} + \frac{\partial V}{\partial x} - \frac{\partial^3 \phi}{\partial x \partial y^2} + b_x = 0$$
$$\frac{\partial \tau_{yx}}{\partial x} + \frac{\partial \sigma_y}{\partial y} + b_y = \frac{\partial^3 \phi}{\partial x^2 \partial y} + \frac{\partial V}{\partial y} - \frac{\partial^3 \phi}{\partial x \partial y^2} + b_y = 0$$

위의 결과로 부터 Airy의 응력함수는 체력을 포함하지 않는 경우와 포함하는 경우 모두 평형방정식을 만족함을 알 수 있다. 그러므로 응력함수를 도입함으로서 고려해야할 방정식의 수가 줄어들게 되어 탄성문제를 해석하는데 있어서 보다 수월하게 된다.

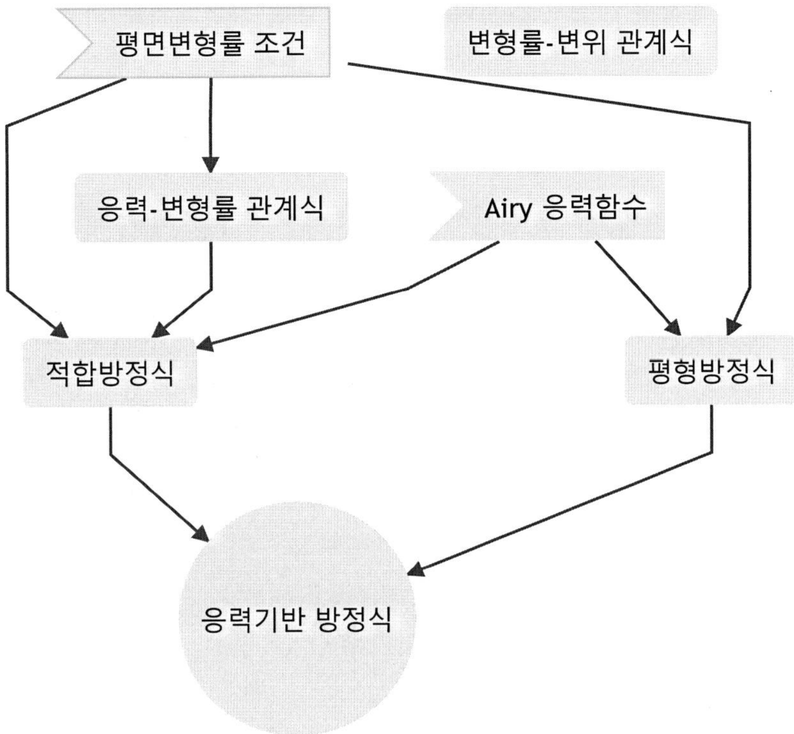

그림 9.1: Airy의 응력함수를 사용하여 평면변형률 문제를 해석하기 위한 과정

9.2 탄성방정식

앞에서 살펴보았듯이 탄성문제의 해법은 변위기반 방정식이나 응력기반 방정식에 경계조건을 적용시켜서 직접적으로 해석하는 방법이 있으나 Airy 응력함수를 사용하면 해를 구하고자 하는 방정식을 보다 간단한 형식으로 변환시키는 것이 가능하다. 다음에는 평면변형률과 평면응력에서 각각 응력함수를 도입하여 해석하는 방법을 설명하기로 한다.

평면변형률

전체적인 평면변형률 문제의 해석과정은 그림 9.1에서 나타내었다. 평면변형률 조건을 적용하여 응력-변형률 관계식을 조정하고 적합방정식을 만드는 과정은 6장에서 설명한 방법과 동일하다. Airy 응력함수의 개념을 도입함으로 적합방정식과 평형방정식이 연결되어 최종적으로 2개의 응력 σ_x, σ_y만의 방정식으로 축약되었다. 따라서 미분방정식의 해를 구하는데 있어서 상당히 간편해지게 되었다. 다음은 방정식의 유도과정을 상세하게 살펴보기로 한다. 먼저, 평면변형률에서 응력으로 표시된 적합방정식 (6.14)에 체력을 고려한 응력함수 (9.3)을 대입하면 다음과 같다.

$$\left(\frac{\partial^2}{\partial x^2}+\frac{\partial^2}{\partial y^2}\right)\left(\frac{\partial^2\phi}{\partial y^2}+V+\frac{\partial^2\phi}{\partial x^2}+V\right)=\frac{1}{1-\nu}\left(\frac{\partial^2 V}{\partial x^2}+\frac{\partial^2 V}{\partial y^2}\right)$$

괄호안의 항들을 모두 전개한 후 정리하면 다음과 같이 응력함수로 표시된 적합방정식을 얻게 된다.

$$\frac{\partial^4\phi}{\partial x^4}+2\frac{\partial^4\phi}{\partial x^2\partial y^2}+\frac{\partial^4\phi}{\partial y^4}=\frac{1-2\nu}{1-\nu}\left(\frac{\partial^2 V}{\partial x^2}+\frac{\partial^2 V}{\partial y^2}\right)$$

또는

$$\nabla^4\phi=\frac{1-2\nu}{1-\nu}\nabla^2 V$$

여기서

$$\nabla^4=\frac{\partial^4}{\partial x^4}+2\frac{\partial^4}{\partial x^2\partial y^2}=\frac{\partial^4}{\partial y^4}$$

만일 체력이 상수이거나 조화함수(harmonic function), $\nabla^2 V=0$, 로 주어지면 적합방정식은 다음과 같다.

$$\nabla^4\phi=0 \tag{9.4}$$

그러므로 평면변형률에서의 탄성문제는 응력함수에 대한 경계조건을 만족시키는 이중조화함수(biharmonic function) (9.4)의 해를 구하는 문제로 귀착된다.

평면응력

평면응력 상태에서의 문제 해석 과정은 그림 9.2에서 나타내었다. 앞에서 설명한 평면변형률의 경우와 동일한 방법으로 평면응력에서 정의된 적합방정식 (6.25)에

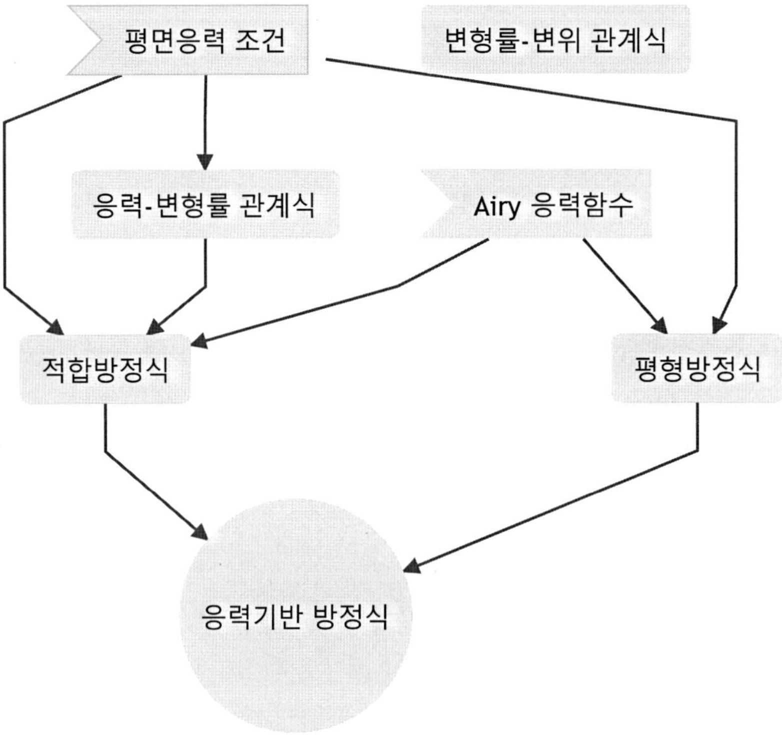

그림 9.2: Airy의 응력함수를 사용하여 평면응력 문제를 해석하기 위한 과정

응력함수 (9.3)을 대입하여 정리하면

$$\left(\frac{\partial^2}{\partial x^2}+\frac{\partial^2}{\partial y^2}\right)\left(\frac{\partial^2\phi}{\partial y^2}+V+\frac{\partial^2\phi}{\partial x^2}+V\right)=(1+\nu)\left(\frac{\partial^2 V}{\partial x^2}+\frac{\partial^2 V}{\partial y^2}\right)$$

괄호안의 항들을 모두 전개한 후 정리하면 다음과 같이 응력함수로 표시된 적합방정식을 얻게 된다.

$$\frac{\partial^4\phi}{\partial x^4}+2\frac{\partial^4\phi}{\partial x^2\partial y^2}+\frac{\partial^4\phi}{\partial y^4}=(1-\nu)\left(\frac{\partial^2 V}{\partial x^2}+\frac{\partial^2 V}{\partial y^2}\right)$$

또는

$$\nabla^4\phi=(1-\nu)\nabla^2 V$$

체력을 무시하면 다음과 같은 결과를 얻게 된다.

$$\nabla^4 \phi = 0 \tag{9.5}$$

위의 결과를 통해서 알 수 있는 것은 응력함수는 기본적으로 평형방정식을 만족시키게 만들어져야 하고, 적합방정식을 응력의 항으로 표시되게 바꾸어서 해석하는 과정을 거친다는 것이다. 즉, 적합방정식과 평형방정식으로부터 응력을 계산할 수 있다. 또한, 체력을 고려하지 않는 경우는 응력 항으로 표시된 적합방정식은 평면응력이나 평면변형률에서 모두 동일한 이중조화함수 (9.5)의 형태로 귀착된다.

9.3 극좌표계와 응력함수

직교좌표계에서 정의된 응력함수 (9.1)은 극좌표계에서는 다음과 같이 정의된다.

$$\begin{aligned} \sigma_r &= \frac{1}{r}\frac{\partial \phi}{\partial r} + \frac{1}{r^2}\frac{\partial^2 \phi}{\partial \theta^2} \\ \sigma_\theta &= \frac{\partial^2 \phi}{\partial r^2} \\ \tau_{r\theta} &= -\frac{\partial}{\partial r}\left(\frac{1}{r}\frac{\partial \phi}{\partial \theta}\right) \end{aligned} \tag{9.6}$$

또한, 적합방정식을 극 좌표 응력함수로 표현하기 위해서 식(7.8) 또는 식(7.11)에 식(9.6)를 대입하여 정리하면 다음과 같다.

$$\left(\frac{\partial^2}{\partial r^2} + \frac{1}{r}\frac{\partial}{\partial r} + \frac{1}{r^2}\frac{\partial^2}{\partial \theta^2}\right)\left(\frac{\partial^2 \phi}{\partial r^2} + \frac{1}{r}\frac{\partial \phi}{\partial r} + \frac{1}{r^2}\frac{\partial^2 \phi}{\partial \theta^2}\right) = \nabla^4 \phi = 0 \tag{9.7}$$

위의 결과에서 극 좌표계에서도 적합방정식을 Airy의 응력함수로 표현하면 직교 좌표계에서와 같은 형태의 이중조화함수가 됨을 알 수 있다.

9.4 열탄성 문제

물체의 온도가 변하면 그에 따라 변형도 발생하게 된다. 물체의 온도 변화가 ΔT이며, 변형에 아무런 제약조건이 없다면 그에 따른 변형률은 $\varepsilon^T = \alpha \Delta T$ 와 같이 주어진다. 평면응력 조건에서의 열탄성 변형률-응력 관계식은 식(6.26)에서 다음과 같이 주어진다.

$$\begin{aligned} \epsilon_x &= \frac{1}{E}[\sigma_x - \nu\sigma_y] + \alpha\Delta T \\ \epsilon_y &= \frac{1}{E}[\sigma_y - \nu\sigma_x] + \alpha\Delta T \\ \gamma_{xy} &= \frac{\tau_{xy}}{G} \end{aligned} \tag{6.26}$$

또한 열탄성 응력-변형률의 관계식은 식(6.27)에서 다음과 같다.

$$\begin{aligned} \sigma_x &= \frac{E}{1-\nu^2}(\varepsilon_x + \nu\varepsilon_y) - \frac{E\alpha\Delta T}{1-\nu} \\ \sigma_y &= \frac{E}{1-\nu^2}(\varepsilon_y + \nu\varepsilon_x) - \frac{E\alpha\Delta T}{1-\nu} \\ \tau &= G\gamma_{xy} \end{aligned} \tag{6.27}$$

식(6.26)을 적합방정식 (6.8)에 대입하여 정리하면 다음과 같은 결과를 얻는다.

$$\left(\frac{\partial^2}{\partial x^2} + \frac{\partial^2}{\partial y^2}\right)(\sigma_x + \sigma_y + \alpha E\Delta T) = 0 \tag{6.28}$$

윗식에 Airy의 응력함수 (9.1)을 대입하면 최종적으로 다음과 같은 식을 얻게 되며 평면응력과 평면변형률 조건에서 동일하게 적용된다.

$$\nabla^4\phi + \alpha E\nabla^2\Delta T = 0 \tag{9.8}$$

이 과정을 통해서 열탄성 방정식 (6.28)을 Airy의 응력함수 방정식 (9.8)로 변환시켰으므로 미지수가 σ_x, σ_y의 2개에서 하나의 미지수 ϕ를 구하는 문제로 간략화 되었음을 볼 수 있다.

9.5 쐐기모양 물체의 압축

비록 응력함수를 도입함으로써 탄성방정식이 간단해진 내용은 있지만 그럼에도 불구하고 순수하게 해석적인 방법으로 해를 구할 수 있는 경우는 그리 많지는 않다. 현실적으로도 경계조건이 복잡하거나 주어진 물체의 형상이 복잡한 경우에는 수치해석적인 방법을 사용할 수밖에 없다. Airy의 응력함수는 기본적으로 평형방정식을 만족하고 적합방정식을 하나의 미지수인 응력함수 ϕ 로 표기하고 있으므로 기

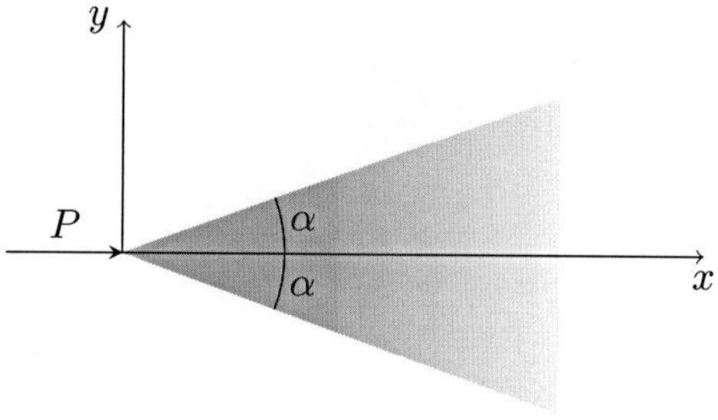

그림 9.3: 압축을 받고 있는 쐐기모양 물체

존 해법에 비해서 방정식을 다루기에 간편한 점이 있으나, 경계조건을 주기 어려운 점이나, 미분방정식의 차수가 올라가는 점 등은 반대급부라고 말할 수 있을 것이다. 다음은 응력함수해법을 사용하여 보, 쐐기, 무한평판 등에 대한 문제를 생각해 보고자 한다.

그림 9.3에서와 같은 경사각이 α 인 쐐기모양으로 생긴 탄성체의 꼭지 부분에서 집중하중 P가 압축력으로 작용하고 있을 때 내부에서의 응력을 구하고자 한다. 이를 위해 먼저 응력함수를 다음과 같이 가정한다.

$$\phi = cPr\theta\sin\theta$$

여기서 c는 미지상수이다. 주어진 응력함수를 식(9.6)에 적용하여 응력을 구해보면 다음과 같다.

$$\sigma_r = \frac{2cP}{r}\cos\theta, \qquad \sigma_\theta = 0, \qquad \tau_{r\theta} = 0$$

쐐기에서 작용하는 모든 힘의 평형이 성립되어야 하므로 다음과 같이 합력을 계산한다.

$$\begin{aligned}
\sum F &= \int_A \sigma_r \cos\theta\, dA + P \\
&= \int_{-\alpha}^{\alpha} \sigma_r \cos\theta\, r d\theta + P \\
&= 2cP \int_{-\alpha}^{\alpha} \cos^2\theta\, d\theta + P \\
&= 2cP\left(\alpha + \frac{1}{2}\sin 2\alpha\right) + P = 0
\end{aligned}$$

따라서 c 는 다음과 같이 결정된다.

$$c = -\frac{1}{2\alpha + \sin 2\alpha}$$

미지수를 응력식에 대입하면 결과적으로 응력은 다음과 같이 주어진다.

$$\sigma_r = -\frac{P\cos\theta}{r(\alpha + \frac{1}{2}\sin 2\alpha)}, \quad \sigma_\theta = 0, \quad \tau_{r\theta} = 0 \tag{9.9}$$

평면에서의 집중하중

평면에서의 집중하중 문제를 해석하기 위해서 앞에서 다룬 쐐기 모양의 각도를 조정하기로 한다. 즉, 식(9.9)에서 $\alpha = \pi/2$를 적용하면 쐐기모양의 형태는 직선 형태로 변하게 되고 응력은 다음과 같이 주어진다.

$$\sigma_r = -\frac{2P\cos\theta}{\pi r}, \qquad \sigma_\theta = 0, \qquad \tau_{r\theta} = 0 \tag{9.10}$$

9.6 무한평판 문제

무한평판의 가장자리에서 힘이 작용하는 경우에 내부에 발생되는 응력을 계산하는 것은 다른 유사한 문제에 대한 해의 엄밀성을 가늠하는 척도가 되므로 매우 중요하다. 또한 평판 내에 빈 공간(hole, void)등이 있을 경우는 그 주변에서의 응력은 평균응력보다 큰 증가를 보이므로 설계 시에 안전을 위해서 반드시 고려해야 할 필요가 있다.

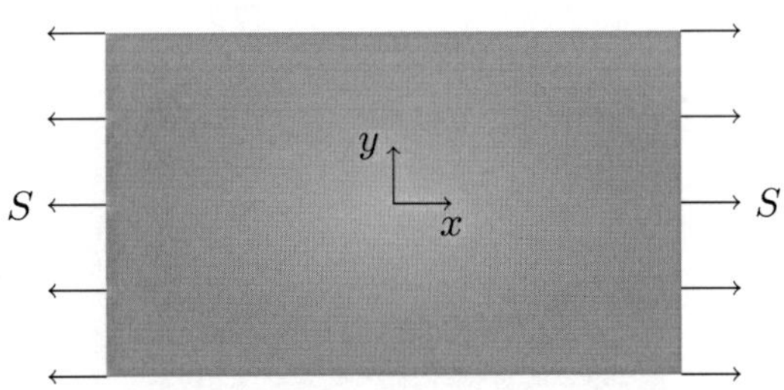

그림 9.4: 무한평판과 그 경계에서의 응력조건

무한평판

그림 9.4에서와 같은 무한크기의 평판을 고려하고 가장자리에서의 응력이 $\sigma_x = S$, $\sigma_y = \tau_{xy} = 0$ 이라고 놓고, 이때의 응력함수를 다음과 같이 가정한다.

$$\phi = \frac{1}{2}Sy^2$$

위에서 주어진 응력함수를 식(9.1)에 대입하여 직교 좌표계에서의 응력을 계산할 수 있으며 무한크기의 평판의 가장자리에서 의도한대로 경계조건이 $\sigma_y = \tau_{xy} = 0$ 이 됨을 확인할 수 있다.

$$\sigma_x = \frac{\partial^2 \phi}{\partial y^2} = S, \qquad \sigma_y = 0, \qquad \tau_{xy} = 0$$

한편, 극 좌표로 표시한 응력함수는 다음과 같다.

$$\phi = \frac{1}{4}Sr^2(1 - \cos 2\theta)$$

윗식을 식(9.6)에 적용하면 다음과 같은 응력성분을 얻을 수 있다.

$$\begin{aligned} \sigma_r &= \frac{1}{2}S(1 + \cos 2\theta) \\ \sigma_\theta &= \frac{1}{2}S(1 - \cos 2\theta) \\ \tau_{r\theta} &= -\frac{1}{2}S \sin 2\theta \end{aligned} \tag{9.11}$$

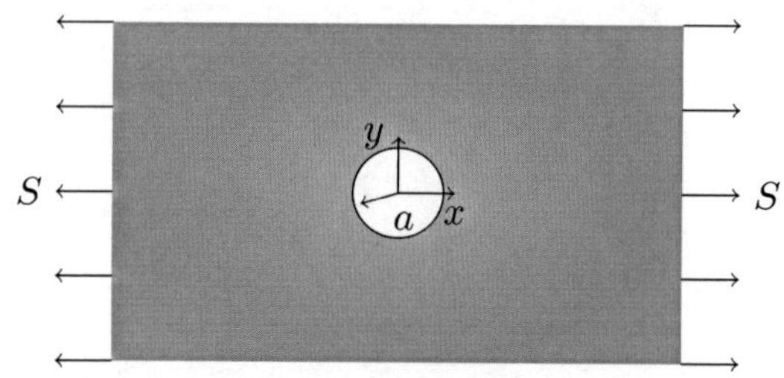

그림 9.5: 구멍을 포함하는 무한평판과 그 경계에서의 응력조건

구멍이 있는 무한평판

이번에는 그림 9.5에서와 같이 경계에서 응력 S 가 작용하고 있는 무한평판내에서, 반지름이 a인 구멍 주위에서의 응력 경계조건을 다음과 같이 가정한다.

$$\sigma_\theta = \tau_{r\theta} = 0 \tag{9.12}$$

또한 이에 해당하는 응력함수를 다음과 같이 가정한다.

$$\phi = f_1(r) + f_2(r)\cos 2\theta \tag{9.13}$$

윗식을 적합방정식 (9.7)에 대입하여 정리하면 결과적으로 다음과 같이 함수 $f_1(r)$과 $f_2(r)$ 에 대한 미분 방정식의 형태로 된다.

$$\begin{aligned}\left(\frac{d^2}{dr^2} + \frac{1}{r}\frac{d}{dr}\right)\left(\frac{d^2 f_1}{dr^2} + \frac{1}{r}\frac{df_1}{dr}\right) &= 0\\ \left(\frac{d^2}{dr^2} + \frac{1}{r}\frac{d}{dr} - \frac{4}{r^2}\right)\left(\frac{d^2 f_2}{dr^2} + \frac{1}{r}\frac{df_2}{dr} - \frac{4f_2}{r^2}\right) &= 0\end{aligned} \tag{9.14}$$

위에서 주어진 두 개의 미분방정식에 대한 일반해는 각각 다음과 같이 주어진다.

$$\begin{aligned} f_1(r) &= c_1 r^2 \ln r + c_2 r^2 + c_3 \ln r + c_4\\ f_2(r) &= c_5 r^2 + c_6 r^4 + \frac{c_7}{r^2} + c_8\end{aligned} \tag{9.15}$$

여기서 c는 적분상수이다. 윗식을 식(9.13)에 대입하여 응력함수를 작성하고 식(9.6)으로부터 다음과 같이 응력을 계산할 수 있다.

$$\begin{aligned}\sigma_r &= c_1(1 + 2\ln r) + 2c_2 + \frac{c_3}{r^2} - \left(2c_5 + \frac{6c_7}{r^4} + \frac{4c_8}{r^2}\right)\cos 2\theta\\ \sigma_\theta &= c_1(3 + 2\ln r) + 2c_2 - \frac{c_3}{r^2} + \left(2c_5 + 12c_6 r^2 + \frac{6c_7}{r^4}\right)\cos 2\theta\\ \tau_{r\theta} &= \left(2c_5 + 6c_6 r^2 - \frac{6c_7}{r^4} - \frac{2c_8}{r^2}\right)\sin 2\theta\end{aligned} \tag{9.16}$$

위식에서 볼 수 있듯이 적분상수 c_4는 응력의 식들과 연관되지 않으므로 응력을 계산하는데 더 이상 고려하지 않기로 한다.

한편, 식(9.16)을 $r \to \infty$ 에서 응력 (9.11)과 비교하면 $c_1 = c_6 = 0$ 이 됨을

알 수 있는데 이 결과는 $r \to \infty$ 일 때 응력의 크기가 유한한 값을 가져야 하기 때문이다. 또한 $r = a$ 에서의 경계조건 (9.12)를 식(9.16)에 적용하면 다음과 같은 적분상수에 관한 식들을 얻게 된다.

$$
\begin{aligned}
2c_2 + \frac{c_3}{a^2} &= 0 \\
2c_5 + \frac{6c_7}{a^4} + \frac{4c_8}{a^2} &= 0 \\
2c_5 - \frac{6c_7}{a^4} - \frac{2c_8}{a^2} &= 0
\end{aligned}
$$

이번에는, 식(9.17)과 식(9.16)을 비교하면 다음과 같은 식들을 얻게 된다.

$$
4c_5 = -S, \qquad 4c_2 = S
$$

위에서 얻은 5개의 연립방정식을 미지수에 대하여 풀면

$$
c_2 = \frac{1}{4}S, \quad c_3 = -\frac{a^2 S}{2}, \quad c_5 = -\frac{1}{4}S, \quad c_7 = -\frac{a^4 S}{4}, \quad c_8 = \frac{a^2 S}{2}
$$

위의 결과를 모두 식(9.16)에 대입하여 정리하면 다음과 같이 응력을 구할 수 있다.

$$
\begin{aligned}
\sigma_r &= \frac{1}{2}S\left[\left(1 - \frac{a^2}{r^2}\right) + \left(1 + \frac{3a^4}{r^4} - \frac{4a^2}{r^2}\right)\cos 2\theta\right] \\
\sigma_\theta &= \frac{1}{2}S\left[\left(1 + \frac{a^2}{r^2}\right) - \left(1 + \frac{3a^4}{r^4}\right)\cos 2\theta\right] \\
\tau_{r\theta} &= -\frac{1}{2}S\left(1 - \frac{3a^4}{r^4} + \frac{2a^2}{r^2}\right)\sin 2\theta
\end{aligned}
\tag{9.17}
$$

여기서 흥미로운 사실은 구멍의 안쪽($r = a$)에서 작용하는 응력의 최대 크기는 $\theta = \pi/2$에서 $\sigma_\theta = 3S$가 된다는 점이다. 평균응력 S의 3배가 되는 응력이 작용하며 이 때의 응력집중계수는 3이다. 이러한 결과는 문제를 탄성이론으로 해석하였을 때만 얻을 수 있는 결과로서 재료역학적인 방법으로는 불가능하다.

9.7 보의 문제

그림 9.6에서 보는 바와 같이 높이 h, 너비 b인 사각형 단면을 갖는 길이 L인 보의 한쪽 끝에서 힘 F가 작용하고 다른 한 끝은 벽에 고정되어 있다. 이 문제에 대한

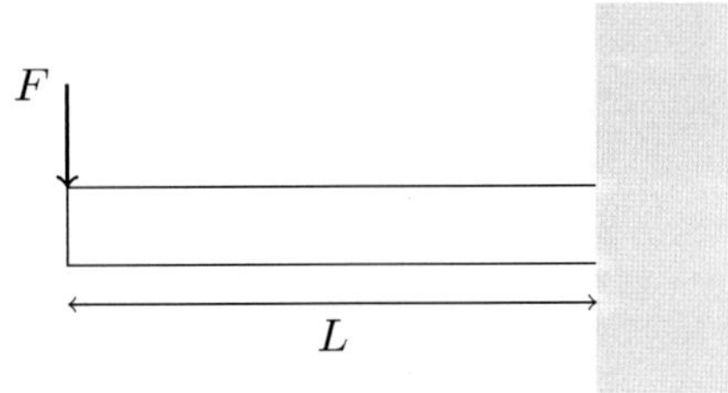

그림 9.6: 보에서의 처짐 계산

해석을 하기 위해서 먼저 응력함수를 다음과 같이 가정한다.

$$\phi(x, y) = c_1 xy + c_2 xy^3$$

응력함수를 사용하여 식(9.1)로부터 응력을 계산하면 다음과 같다.

$$\begin{aligned} \sigma_x(x, y) &= 6c_2 xy \\ \sigma_y(x, y) &= 0 \\ \tau_{xy}(y) &= -c_1 - 3c_2 y \end{aligned} \tag{9.18}$$

여기서 상수 c_1과 c_2는 다음과 같이 문제에 해당되는 경계조건을 만족시키는 방법으로 구해진다. 먼저 식 (9.18)로부터 $\sigma_x(0, y) = 0$ 이 만족됨을 알 수 있다. 또한 보의 길이 방향으로 위와 아래 면에서는 전단응력이 없으므로 다음과 같이 조건을 부여한다.

$$\tau_{xy}(\pm h/2) = -c_1 - 3c_2 \left(\pm\frac{h}{2}\right)^2 = 0 \tag{9.19}$$

그러므로 $c_1 = -3c_2 h^2/4$가 된다.

한편, 힘의 평형을 고려하면 $x = 0$에서 작용하는 전단력 F는 전단응력과 다음과 같은 관계를 가지므로

$$\int_{-h/2}^{h/2} \tau_{xy} b\, dy = -c_1 bh - \frac{bh^3}{4} c_2 = -F \tag{9.20}$$

식(9.19)와 식(9.20)에서 다음과 같은 답을 얻게 된다.

$$c_1 = \frac{3F}{2bh}, \qquad c_2 = -\frac{2F}{bh^3}$$

결과적으로 응력은 식(9.18)에서 다음과 같이 주어진다.

$$\begin{aligned}
\sigma_x &= -\frac{12F}{bh^3}xy = -\frac{My}{I} \\
\sigma_y &= 0 \\
\tau_{xy} &= -\frac{3F}{2bh}\left[1 - \left(\frac{2y}{h}\right)^2\right]
\end{aligned}$$

여기서 굽힘 모멘트 $M = Fx$, 관성모멘트 $I = bh^3/12$이며 위의 결과는 재료역학에서 구한 보의 응력과 일치함을 알 수 있다. 얻어진 결과로부터 변위를 구하기 위해서는 다음과 같이 변형률-변위 관계식 (6.16)과 응력-변형률 관계식 (6.15)를 사용한다.

$$\begin{aligned}
\varepsilon_x &= \frac{\partial u}{\partial x} = \frac{\sigma_x}{E} = -\frac{12F}{Ebh^3}xy \\
\varepsilon_y &= \frac{\partial v}{\partial y} = -\nu\frac{\sigma_x}{E} = -\frac{12F\nu}{Ebh^3}xy \\
\gamma_{xy} &= \frac{\partial u}{\partial y} + \frac{\partial v}{\partial x} = \frac{\tau_{xy}}{G} = -\frac{3(1+\nu)F}{Ebh^2}\left[1 - \left(\frac{2y}{h}\right)^2\right]
\end{aligned} \tag{9.21}$$

윗식의 첫번째와 두번째 식에서 변위에 대하여 각각 적분을 수행하면 다음과 같다.

$$\begin{aligned}
u(x,y) &= -\frac{6F}{Ebh^3}x^2y + g_1(y) \\
v(x,y) &= \frac{6F\nu}{Ebh^3}xy^2 + g_2(x)
\end{aligned} \tag{9.22}$$

여기서 $g_1(y)$와 $g_2(x)$는 미지의 함수이다. 식(9.22)의 변위 u와 v를 식(9.21)의 세번째 식에 대입하여 전단응력에 대한 조건을 적용하면 다음과 같이 주어진다.

$$-\frac{6F}{Ebh^3}x^2 + \frac{dg_1}{dy} + \frac{6F\nu}{Ebh^3}y^2 + \frac{dg_2}{dx} = -\frac{3(1+\nu)F}{Ebh}\left[1 - \left(\frac{2y}{h}\right)^2\right]$$

여기서 g_1은 y의 함수이며, g_2는 x의 함수임을 감안하여 다음과 같이 각각의 함수를 가정해 볼 수 있다.

$$g_1(y) = \frac{(4+2\nu)F}{Ebh^3}y^3 - \left[c_3 + \frac{3(1+\nu)F}{Ebh}\right]y + c_5 \tag{9.23}$$
$$g_2(x) = \frac{2F}{Ebh^3}x^3 + c_3 x + c_4$$

여기서 c_3, c_4, c_5는 적분상수이다. 적분상수를 구하기 위해서 변위 경계조건 $u(L,0) = 0$과 $v(L,0) = 0$을 식(9.22)와 (9.23)에 적용하면 다음과 결과를 얻게 된다.

$$u(L,0) = 0$$
$$v(L,0) = \frac{2F}{Ebh^3}L^3 + c_3 L + c_4 = 0$$

위의 결과로 부터 다음과 같은 답을 얻게 된다.

$$c_5 = 0, \qquad c_4 = -\frac{2F}{Ebh^3}L^3 - c_3 L$$

여기서 더 나아가기 전에 두 가지 종류의 경계조건을 생각해 볼 수 있다. 하나는 고정점 ($x = L$, $y = 0$)에서 $\partial v/\partial x = 0$를 적용하는 것이며 이것은 보의 길이 방향이 x축 방향과 평행하다는 것을 의미한다. 식(9.22)에 경계조건을 적용하면 다음과 같은 결과를 얻게된다.

$$\frac{\partial v(L,0)}{\partial x} = 0 \qquad \rightarrow \qquad \frac{6FL^2}{Ebh^3} + c_3 = 0$$

따라시 미지상수는

$$c_3 = -\frac{6FL^2}{Ebh^3}, \qquad c_4 = \frac{4FL^3}{Ebh^3}$$

이제 모든 미지수가 구해졌으므로 결과적으로 변위는 식(9.22)와 (9.23)로 부터 다음과 같이 결정된다.

$$u(x,y) = \frac{FL^3}{Ebh^3}\left\{6\left[1-\left(\frac{x}{L}\right)^2\right]\frac{y}{L} + 2(2+\nu)\left(\frac{y}{L}\right)^3 - 3(1+\nu)\left(\frac{h}{L}\right)^2\frac{y}{L}\right\}$$
$$v(x,y) = \frac{FL^3}{Ebh^3}\left\{4 + 2\left(\frac{x}{L}\right)^3 - 6\left[1-\nu\left(\frac{y}{L}\right)^2\right]\frac{x}{L}\right\} \tag{9.24}$$

한편, 다른 하나의 경계조건은 고정점($x = L$, $y = 0$)에서 $\partial u/\partial y = 0$를 적용

하는 것이며 이는 보의 단면이 y축 방향과 평행함을 의미한다. 따라서 식(9.22)에 조건을 적용하면 다음과 같은 결과를 얻는다.

$$\frac{\partial u(L,0)}{\partial y} = 0 \qquad \rightarrow \qquad -\frac{6FL^2}{Ebh^3} - \left(c_3 + \frac{3(1+\nu)F}{Ebh}\right) = 0$$

결과적으로 미지 상수는

$$\begin{aligned} c_3 &= -\frac{6FL^2}{Ebh^3} - \frac{3(1+\nu)F}{Ebh} \\ c_4 &= \frac{4FL^3}{Ebh^3} + \frac{3(1+\nu)FL}{Ebh} \end{aligned}$$

결과적으로 변위는 다음과 같이 주어진다.

$$u(x,y) = \frac{FL^3}{Ebh^3}\left\{6\left[1-\left(\frac{x}{L}\right)^2\right]\frac{y}{L} + 2(2+\nu)\left(\frac{y}{L}\right)^3\right\} \tag{9.25}$$

$$v(x,y) = \frac{FL^3}{Ebh^3}\left\{4+(1+v)\left(\frac{h}{L}\right)^2 + 2\left(\frac{x}{L}\right)^3 - 6\left[1-\nu\left(\frac{y}{L}\right)^2 + \frac{1}{2}(1+\nu)\left(\frac{h}{L}\right)^2\right]\frac{x}{L}\right\} \tag{9.26}$$

연습문제

1. 탄성문제 해석에서 응력함수의 채택으로 인한 장점을 말하시오.

2. 평면응력에서의 열탄성 문제 해석을 위하여 응력함수로 표현된 적합방정식을 유도하기 위한 과정을 도표로 그려보시오.

3. 식(6.28)는 평면응력에서의 Airy의 응력함수로 표현된 열탄성 방정식이다. 평면변형률에서의 열탄성 방정식(Airy의 응력함수로 표현된 적합방정식)을 유도하시오.

4. 응력함수가 다음과 같이 주어질 때 응력의 각 성분들을 구하시오.

$$\phi = -\frac{P}{\pi} r\theta \sin\theta$$

여기서 P는 집중하중이다.

5. 쐐기 모양의 물체의 꼭짓점에서 압축력 P를 받고 있을 때의 응력이 식(9.9)에 주어져 있다. 쐐기내의 각도 변화범위 $0 \geq \theta\alpha$에서 응력과 압축력의 비 σ_r/P를 그림으로 나타내 보시오. 단, $r = 0.1,\ 0.5,\ 1.0,\ 2.0$ 이며, $\alpha = \pi/12$ 로 한다.

6. 무판평판 문제에서의 응력함수 (9.13)을 사용하여 적합방정식 (9.14)를 유도하시오.

7. 반지름 a인 구멍을 포함하고 있는 무한평판이 평판의 경계에서 S의 응력을 받고 있을 때의 응력이 식(9.17)에 주어져있다. 반지름의 범위가 $a \geq r \geq 2a$ 에서의 응력성분을 수평축에 r/a 을, 수직축에 무차원 응력 $\sigma_r/S,\ \sigma_\theta/S,\ \tau_{r\theta}/S$ 을 그림으로 나타내시오.

8. 사각형 단면의 길이가 L인 외팔보에서 한 끝에서 하중 F가 작용하고 있을 때를 고려하고 재료역학 보의 이론에서 얻을 수 있는 처짐(변위) v 를 찾아보시오. 또한, 탄성론에서 얻은 결과인 식(9.24)와 식(9.25)와 각각 비교하여 보시오. 단, 보의 탄성계수 E, 관성모멘트 I, 단면의 너비는 b, 높이는 h 이다.

제10장 비틀림 문제

- Prandtl 응력함수(Prandtl's stress function)
- 비틀림 경계조건(Boundary conditions)
- 원형단면 축의 비틀림(Circular shaft)
- 타원형단면 축의 비틀림(Shaft with ellipic cross section)

10.1 비틀림 문제

비틀림(torsion)은 많은 기계나 구조물의 설계 시에 반드시 고려해야할 핵심 요소이다. 이번 장에서는 축에 비틀림 모멘트가 하중으로 작용하는 경우를 고려하여 탄성방정식과 경계조건 등을 사용하여 응력과 변형률 등을 계산하는 과정을 학습하기로 한다.

먼저, 임의의 단면을 가진 축에 대한 비틀림 문제를 고려한다. 이때 단위 길이당의 비틀림 각은 길이 방향에 대하여 일정하며, 변형이 발생한 후의 단면은 평면을 이루지 않고 평면을 벗어난 뒤틀림(warping)이 발생한다고 가정한다. 그림 10.1에서 보는 바와 같이 비틀림으로 인한 변위 u, v 를 다음과 같이 규정한다.

$$
\begin{aligned}
u &= -r\beta \sin\theta = -\beta y \\
v &= r\beta \cos\theta = \beta x
\end{aligned}
$$

그림 10.1에서 $x = r\cos\theta$, $y = r\sin\theta$, 그리고 $\beta = \alpha z$ 이며 α는 축의 길이

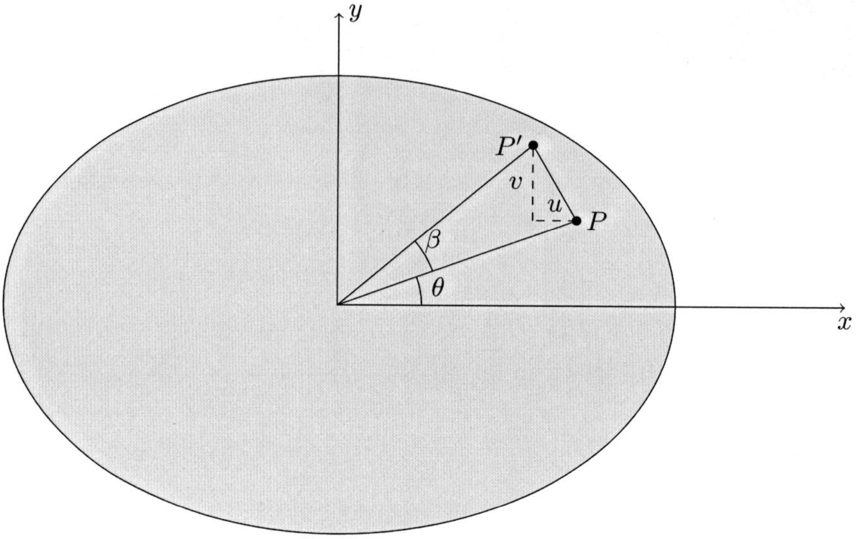

그림 10.1: 비틀림 변형

방향으로의 단위 길이당의 비틀림 각이다. 따라서 윗식은 다음과 같이 된다.

$$u = -\alpha yz, \quad v = \alpha xz, \quad w = w(x, y) \tag{10.1}$$

여기서 $w(x, y)$는 x-y 평면 밖으로 나가는 뒤틀림 변위(warping displacement)이다.

변형률-변위 관계식

비틀림으로 인한 변위 (10.1)을 변형률-변위 관계식 (4.6)을 적용하면 $\varepsilon_x = \varepsilon_y = \varepsilon_z = \gamma_{xy} = 0$ 이며 남은 성분인 전단변형률을 구하면 다음과 같다.

$$\gamma_{xz} = \frac{\partial w}{\partial x} - \alpha y, \qquad \gamma_{yz} = \frac{\partial w}{\partial y} + \alpha x \tag{10.2}$$

응력-변위 관계식

또한, 식(10.2)를 변형률-응력 관계식 (5.7)에 대입하여 다음과 같이 응력-변위 관계식을 구할 수 있다.

$$\tau_{xz} = G\left(\frac{\partial w}{\partial x} - \alpha y\right), \qquad \tau_{yz} = G\left(\frac{\partial w}{\partial y} + \alpha x\right) \tag{10.3}$$

여기서 $\sigma_x = \sigma_y = \sigma_z = 0$이며 $\tau_{xy} = 0$ 이다. 또한, 두 전단응력 τ_{xz}, τ_{yz} 는 모두 x, y 의 함수임을 알 수 있다.

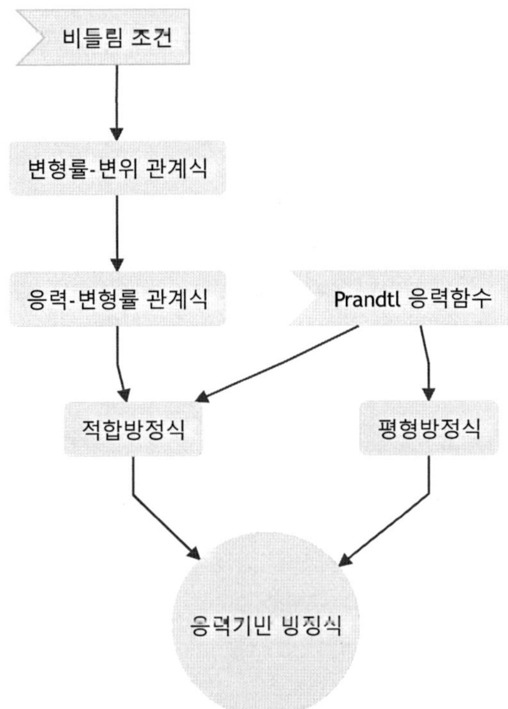

그림 10.2: Prandtl 응력함수를 사용하여 비틀림 문제의 해를 구하는 과정

평형방정식

비틀림 조건을 유의하며 체력을 제외한 경우의 평형방정식 (3.30)을 수정하면 다음과 같다.

$$
\begin{aligned}
\cancel{\frac{\partial \sigma_x}{\partial x}} + \cancel{\frac{\partial \tau_{yx}}{\partial y}} + \frac{\partial \tau_{zx}}{\partial z} + \cancel{b_x} = 0 \\
\cancel{\frac{\partial \tau_{xy}}{\partial x}} + \cancel{\frac{\partial \sigma_y}{\partial y}} + \frac{\partial \tau_{zy}}{\partial z} + \cancel{b_y} = 0 \\
\frac{\partial \tau_{xz}}{\partial x} + \frac{\partial \tau_{yz}}{\partial y} + \cancel{\frac{\partial \sigma_z}{\partial z}} + \cancel{b_z} = 0
\end{aligned}
$$

그러므로 비틀림 문제를 위한 평형방정식은 다음과 같이 결정된다.

$$
\frac{\partial \tau_{zx}}{\partial z} = 0, \quad \frac{\partial \tau_{zy}}{\partial z} = 0, \quad \frac{\partial \tau_{xz}}{\partial x} + \frac{\partial \tau_{yz}}{\partial y} = 0 \tag{10.4}
$$

위의 과정을 통해서 비틀림 문제에 대한 변형률-변위 관계식, 응력-변형률 관계식, 평형방정식이 모두 구해졌다. 다음은 이 식들을 사용하여 응력이나 변위를 구하는 과정을 설명하기로 한다.

10.2 응력기반 방정식

비틀림 문제에서도 응력기반 방정식을 사용하는 해법은 앞에서 학습한 일반적인 탄성방정식을 푸는 방법과 같은 과정으로 진행된다. 그림 10.2에서 응력함수를 사용하여 해를 구하는 전체 과정을 도식적으로 보였으며 응력기반 방정식을 유도하고 응력함수를 도입하여 비틀림 문제를 해석하는 내용이다. 먼저, 변위 (10.1)을 사용하여 변형률-변위 관계식 (10.2)를 유도한다. 또한, 비틀림에 대한 응력-변위 관계식 (10.3)을 규정한다. 다음은 식(10.3)에서 비틀림 변위 w를 제거하여 응력만의 항으로 만들고자 한다. 이를 위해서 식(10.3)의 첫 번째 식을 y로 미분하고 두번째 식을 x로 미분하면 다음과 같은 결과를 얻는다.

$$
\begin{aligned}
\frac{\partial \tau_{xz}}{\partial y} &= G\left(\frac{\partial^2 w}{\partial y \partial x} - \alpha\right) \\
\frac{\partial \tau_{yz}}{\partial x} &= G\left(\frac{\partial^2 w}{\partial x \partial y} + \alpha\right)
\end{aligned}
$$

위식에서 첫 번째 식에서 두번째 식을 빼면 변위 w 와 관련된 항이 제거되고 결과적으로 다음과 같은 적합방정식을 얻게 된다.

$$\frac{\partial \tau_{xz}}{\partial y} - \frac{\partial \tau_{yz}}{\partial x} = -2G\alpha \tag{10.5}$$

10.3 Prandtl 응력함수

위에서 응력기반 해석을 하기 위해 필요한 방정식을 모두 유도하였다. 방정식의 해를 구하기 위해서 다음과 같이 정의되는 Prandtl 응력함수 $\Psi = \Psi(x, y)$를 도입한다.

$$\tau_{xz} = \frac{\partial \Psi}{\partial y}, \qquad \tau_{yz} = -\frac{\partial \Psi}{\partial x} \tag{10.6}$$

정의된 Prandtl 응력함수의 유용성을 검증하기 위해서 그림 10.3에서의 과정을 참조하여 먼저 식(10.6)을 식(10.4)에 대입하면 다음과 같이 평형방정식이 만족됨을 알 수 있다.

$$\frac{\partial^2 \Psi}{\partial x \partial y} - \frac{\partial^2 \Psi}{\partial y \partial x} = 0$$

한편, 그림 10.2에서 볼 수 있듯이 마지막 남은 과정은 Prandtl 응력함수를 적합방정식과 결합하여 응력기반 방정식의 형태로 만드는 것이다. 이를 위해서 응력함수 (10.6)을 식(10.5)에 대입하면 응력함수로 표현된 적합방정식이 다음과 같이 주어진다.

$$\frac{\partial^2 \Psi}{\partial x^2} + \frac{\partial^2 \Psi}{\partial y^2} = -2G\alpha \tag{10.7}$$

여기서 중요한 사실은 위에서 언급한대로 Prandtl 응력함수가 평형방정식을 이미 만족하게 되므로 적합방정식인 식(10.7)은 실질적으로 유일한 지배 방정식이 된다는 점이다. 다음 과정은 방정식에 필요한 경계조건에 관한 내용을 살펴보고자 한다.

10.4 경계조건

축의 표면에서의 경계조건을 찾기 위해서는 각 면에서의 경계조건의 상태가 다르기 때문에 축의 길이 방향으로의 표면과 양끝에서의 단면을 따로 고려해 주어야 한다.

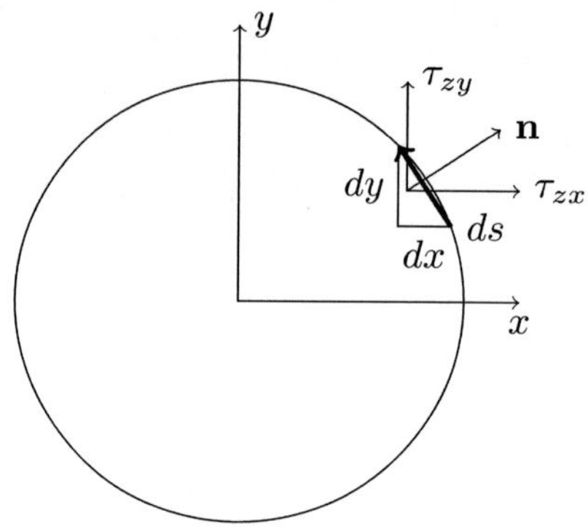

그림 10.3: z 평면에서의 경계조건

표면에서의 경계조건

z 평면에서의 경계조건을 규정하기 위해서 그림 10.3에서 방향 코사인을 다음과 같이 정의한다.

$$n_x = \cos(\mathbf{n}, x), \qquad n_y = \cos(\mathbf{n}, y), \qquad n_z = \cos(\mathbf{n}, z)$$

여기서 $n_z = 0$이 되는데 응력벡터 $\mathbf{t}^{(n)}$와 z축이 이루는 각이 90도가 되기 때문이다. 또한, 그림 10.3에서 보는 바와 같이 각 방향 코사인은 미소요소에서의 길이로 다음과 같이 정의할 수 있다.

$$n_x = \cos(\mathbf{n}, x) = \frac{dy}{ds}, \quad n_y = \cos(\mathbf{n}, y) = -\frac{dx}{ds} \tag{10.8}$$

여기서 부호는 s가 증가하는 방향(반시계 방향)을 기준으로 잡고 x가 감소하고, y가 증가하는 것으로 설정하였다.

비틀림 문제에서 경계조건은 축의 외부표면에서 작용하고 있는 힘이 없으므로 응력벡터로 표시하면 $\mathbf{t}^{(n)} = 0$이 되기 때문에 응력벡터와 응력과의 관계식 $\mathbf{t}^{(n)} =$

$\mathbf{n} \cdot \boldsymbol{\sigma}$ 으로부터 다음과 같이 표시될 수 있다.

$$
\begin{aligned}
t_x^{(n)} &= \cancel{n_x \sigma_x} + \cancel{n_y \tau_{yx}} + \cancel{n_z \tau_{zx}} = 0 \\
t_y^{(n)} &= \cancel{n_x \tau_{xy}} + \cancel{n_y \sigma_y} + \cancel{n_z \tau_{zy}} = 0 \\
t_z^{(n)} &= n_x \tau_{xz} + n_y \tau_{yz} + \cancel{n_z \sigma_z} = 0
\end{aligned}
$$

윗식을 정리하면 응력 경계조건은 다음과 같이 주어진다.

$$t_z^{(n)} = n_x \tau_{xz} + n_y \tau_{yz} = 0 \tag{10.9}$$

그런데 실제적으로 해석해야 할 방정식은 식(10.7)에서와 같이 응력함수의 항으로 구성되어 있으므로 경계조건도 이에 맞추어 수정되어야 한다. 따라서 식(10.6)과 식(10.8)을 식(10.9)에 대입하면 다음과 같은 식을 얻게 된다.

$$\frac{\partial \Psi}{\partial y}\frac{dy}{ds} + \frac{\partial \Psi}{\partial x}\frac{dx}{ds} = \frac{d\Psi}{ds} = 0 \qquad \text{on} \quad S$$

여기서 얻은 경계조건은 응력함수로 표시된 것이며 표면의 경로 s에 따라 적분을 수행하면 $\Psi(x, y) = \text{const.}$가 됨을 알 수 있으며 상수에는 0도 포함되므로 경계조건을 다음과 같이 놓을 수 있다.

$$\Psi = 0$$

이러한 성질로 인해서 경계조건을 만족하는 응력함수를 가정하기가 보다 수월해지게 되는데, 예를 들어, 반지름이 a인 원의 방정식을 $x^2 + y^2 = a^2$으로 표시할 수 있으므로 원형의 단면을 갖는 축의 비틀림 문제 해석을 위한 응력함수를 $\Psi(x, y) = c(x^2 + y^2 - a^2)$ 로 놓으면 요구되는 경계조건을 만족하게 된다. 여기서 c는 임의의 상수이다.

축의 양끝에서의 경계조건

주어진 비틀림 문제에 대하여 정확한 해를 구하기 위해서는 다른 경계조건들도 반드시 만족시켜야 한다. 그림 10.4에서 보는 바와 같이 길이가 L인 축의 양끝($z = 0$, $z = L$)에서의 방향 코사인 성분은 $n_x = \cos(\mathbf{n}, x) = 0$, $n_y = \cos(\mathbf{n}, y) = 0$, 그리고 $z = 0$에서는 $n_z = \cos(\mathbf{n}, z) = -1$이며 $z = L$에서는 $n_z = \cos(\mathbf{n}, z) = 1$이

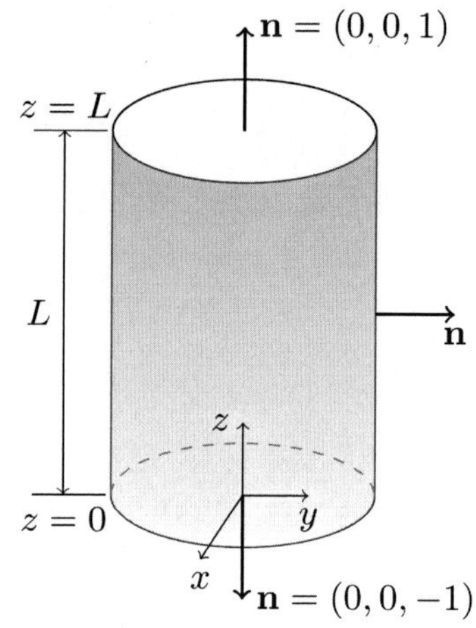

그림 10.4: 비틀림을 받는 원통의 표면에서의 경계조건

된다.

$$
\begin{aligned}
t_x^{(n)} &= \cancel{n_x\sigma_x} + \cancel{n_y\tau_{yx}} + n_z\tau_{zx} = \mp\tau_{zx} \\
t_y^{(n)} &= \cancel{n_x\tau_{xy}} + \cancel{n_y\sigma_y} + n_z\tau_{zy} = \mp\tau_{zy} \\
t_z^{(n)} &= \cancel{n_x\tau_{xz}} + \cancel{n_y\tau_{yz}} + \cancel{n_z\sigma_z} = 0
\end{aligned}
\tag{10.10}
$$

위의 경계조건은 x, y 그리고 z방향에서의 각각의 합력이 0이 되어야 함을 의미하며 수식으로 적어보면 다음과 같다.

$$
\begin{aligned}
\sum F_x &= \int_A t_x^{(n)}\, dxdy = 0 \\
\sum F_y &= \int_A t_y^{(n)}\, dxdy = 0 \\
\sum F_z &= \int_A t_z^{(n)}\, dxdy = 0
\end{aligned}
\tag{10.11}
$$

경계조건을 만족하는 응력을 규정해야 하므로 위의 식에서 주어진 조건을 검증해 보기로 한다. 식(10.11)에서 첫 번째 식에 대한 내용을 정리해 보면 다음과 같다.

$$\begin{aligned}\iint t_x^{(n)}\, dxdy &= \iint \tau_{zx}\, dxdy \\ &= \iint \frac{\partial \Psi}{\partial y}\, dxdy \\ &= \int dx \int_{y_1}^{y_2} \frac{\partial \Psi}{\partial y}\, dy \\ &= \int \left[\Psi(x, y_2) - \Psi(x, y_1)\right]\, dx = 0\end{aligned}$$

여기서 x는 y의 함수가 되며(예, $x = \pm\sqrt{y^2 - a^2}$), y_1과 y_2는 표면위에 있는 점이므로 앞에서 유도한 경계조건에 의해서 $\Psi(x, y_2) = \Psi(x, y_1) = \text{const.}$가 되어 위식이 증명되었다. 식(10.11)의 두번째 식도 유사한 방법으로 증명될 수 있다. 식(10.11)의 세 번째 식에서는 식(10.10)에서 z축의 표면에서 힘의 합력이 0임을 보았으므로 힘의 평형이 만족됨을 증명하였다.

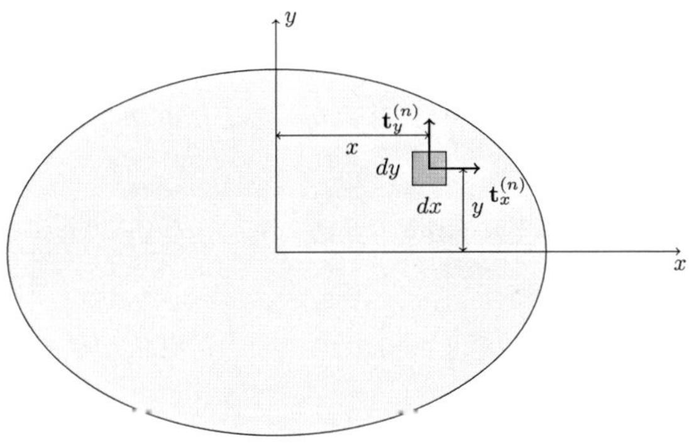

그림 10.5: 단면에서의 비틀림 모멘트

한편, 그림 10.5에서 보는 바와 같이 x방향으로의 힘과 y방향으로의 힘은 z축을 중심으로 하는 비틀림 모멘트 T 또는 토크(torque)를 발생시키게 되며 다음과 같이 정의된다.

$$
\begin{aligned}
T &= \iint \left[t_y^{(n)} x - t_x^{(n)} y \right] dxdy \\
&= -\iint \frac{\partial \Psi}{\partial x} x\, dxdy - \iint \frac{\partial \Psi}{\partial y} y\, dxdy \\
&= -\int dy \int \frac{\partial \Psi}{\partial x} x\, dx - \int dx \int \frac{\partial \Psi}{\partial y} y\, dy
\end{aligned}
\tag{10.12}
$$

마지막 식의 우측 첫 번째 항에 대하여 부분적분을 수행하면 다음과 같다.

$$
\begin{aligned}
\int \frac{\partial \Psi}{\partial x} x\, dx &= \Psi x|_{x_1}^{x_2} - \int_{x_1}^{x_2} \Psi\, dx \\
&= \Psi_2 x_2 - \Psi_1 x_1 - \int_{x_1}^{x_2} \Psi\, dx \\
&= -\int_{x_1}^{x_2} \Psi\, dx
\end{aligned}
$$

여기서 경계조건에 의해서 $\Psi_2 = \Psi_1 = 0$를 적용하였다. 따라서 식(10.12)의 우측 첫번째 항은 다음과 같이 쓸 수 있다.

$$
-\int dy \int \frac{\partial \Psi}{\partial x} x\, dx = \iint \Psi\, dxdy
$$

식(10.12)의 우측 두번째 항도 유사한 방법으로 다음과 같이 쓸 수 있다.

$$
-\int dx \int \frac{\partial \Psi}{\partial x} y\, dy = \iint \Psi\, dxdy
$$

따라서 z축에 대한 비틀림 모멘트 T는 Prandtl 응력함수의 항으로 다음과 같이 결정된다.

$$
T = 2 \iint \Psi\, dxdy \tag{10.13}
$$

10.5 원형단면 축의 비틀림

반지름이 a인 을 갖는 축에 대하여 비틀림 모멘트가 작용하고 있을 때 적절한 가정을 통하여 응력을 구하는 문제를 생각해 보기로 한다. 이런 경우에는 경계조건을 만족하는 응력함수를 가정하고 응력을 계산하기 위해서 응력기반 방정식을 사용하는 것이 편리하며 다음과 같이 응력함수를 가정하기로 한다. 단, c는 결정해야될 미지수이다.

$$\Psi(x,y) = c(x^2 + y^2 - a^2)$$

먼저 가정한 응력함수를 비틀림 문제에 관한 지배방정식 (10.7)에 대입하여 그 유효성을 다음과 같이 확인해야 한다.

$$\frac{\partial^2 \Psi}{\partial x^2} + \frac{\partial^2 \Psi}{\partial y^2} = 4c = -2G\alpha$$

따라서 $c = -G\alpha/2$이므로 응력함수는 다음과 같이 주어진다.

$$\Psi(x,y) = -\frac{G\alpha}{2}(x^2 + y^2 - a^2) \tag{10.14}$$

위에서 결정된 응력함수는 이제 지배방정식 (10.7)과 경계조건을 만족시키는 방정식의 해가된다. 한편, 비틀림 모멘트 T는 식(10.13)과 식(10.14)로부터 다음과 같이 주어진다.

$$T = -2\frac{G\alpha}{2}\left(\iint x^2\, dxdy + \iint y^2\, dxdy - \iint a^2\, dxdy\right)$$

여기서 우변의 첫 번째와 두번째 적분은 각각 원형 면적에 대한 관성 모멘트 I_y와 I_x에 해당되므로 다음과 같이 놓을 수 있다.

$$I_y = \iint x^2\, dxdy = \frac{\pi a^4}{4}$$
$$I_x = \iint y^2\, dxdy = \frac{\pi a^4}{4}$$

따라서 비틀림 모멘트는 다음과 같다.

$$T = \frac{G\alpha\pi a^4}{2}$$

여기서 위식을 α에 대하여 정리하면

$$\alpha = \frac{2T}{G\pi a^4}$$

최종적으로 응력은 식(10.6)과 식(10.14), 그리고 위의 결과를 적용하여 다음과 같이 계산된다.

$$\tau_{xz} = \frac{\partial \Psi}{\partial y} = -G\alpha y = -\frac{2Ty}{\pi a^4}$$
$$\tau_{yz} = -\frac{\partial \Psi}{\partial x} = G\alpha x = \frac{2Tx}{\pi a^4}$$

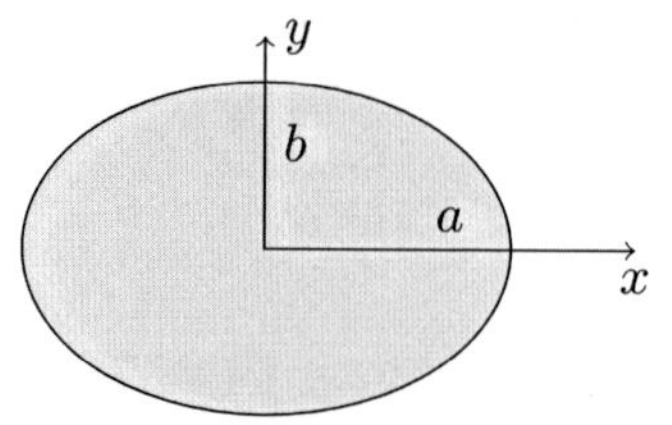

그림 10.6: 비틀림을 받는 타원형 단면 축

타원형단면 축의 비틀림

이번에는 그림 10.6에서와 같이 장축의 반지름이 a이며 단축의 반지름이 b인 을 갖는 축에 대하여 비틀림 모멘트가 작용하고 있을 때 적절한 가정을 통하여 응력을 구하는 문제를 생각해 보기로 한다. 먼저 다음과 같이 응력함수를 가정하기로 한다. 단, c는 결정해야 될 상수이다.

$$\Psi(x, y) = c\left(\frac{x^2}{a^2} + \frac{y^2}{b^2} - 1\right)$$

위의 응력함수를 응력기반 방정식 (10.7)에 대입하여 그 유효성을 다음과 같이 확인해야 한다.

$$\frac{\partial^2 \Psi}{\partial x^2} + \frac{\partial^2 \Psi}{\partial y^2} = -2c\left(\frac{1}{a^2} + \frac{1}{b^2}\right) = -2G\alpha$$

따라서

$$c = -\frac{a^2 b^2 G\alpha}{a^2 + b^2}$$

이므로 응력함수는 다음과 같이 주어진다.

$$\Psi(x,y) = -\frac{a^2b^2G\alpha}{a^2+b^2}\left(\frac{x^2}{a^2}+\frac{y^2}{b^2}-1\right) \tag{10.15}$$

위에서 결정된 응력함수는 이제 지배방정식 (10.7)과 경계조건을 만족시키는 방정식의 해가된다. 한편, 비틀림 모멘트 T는 식(10.13)과 식(10.15)로부터 다음과 같이 주어진다.

$$T = -\frac{a^2b^2G\alpha}{a^2+b^2}\left(\frac{1}{a^2}\iint x^2\,dxdy + \frac{1}{b^2}\iint y^2\,dxdy - \iint dxdy\right)$$

여기서 우변의 첫 번째와 누 번째 적분은 각각 원형 변적에 대한 관성 모멘트 I_y와 I_x에 해당되므로 다음과 같이 주어진다.

$$I_y = \iint x^2\,dxdy = \frac{\pi a^3 b}{4}$$
$$I_x = \iint y^2\,dxdy = \frac{\pi a b^3}{4}$$

위의 결과를 사용하면 비틀림 모멘트는 다음과 같이 결정된다.

$$T = \frac{a^3b^3\pi G\alpha}{a^2+b^2}$$

여기서 윗식을 α에 대하여 정리하면

$$\alpha = \frac{(a^2+b^2)T}{a^3b^3\pi G}$$

최종적으로 식(10.6)과 식(10.15), 그리고 위의 결과를 적용하여 타원형단면을 가지는 축에서의 응력은 다음과 같이 계산된다.

$$\tau_{xz} = \frac{\partial\Psi}{\partial y} = -\frac{2a^2G\alpha y}{a^2+b^2} = -\frac{2Ty}{\pi a b^3}$$
$$\tau_{yz} = -\frac{\partial\Psi}{\partial x} = \frac{2b^2G\alpha x}{a^2+b^2} = \frac{2Tx}{\pi a^3 b}$$

10.6 변위기반 방정식

앞에서는 응력기반 방정식을 유도하여 해를 구하는 과정을 설명하였다. 이번에는 비틀림 문제에 대한 변위기반 방정식 을 유도하기 위해서 먼저 응력-변위 관계식 (10.3)을 평형 방정식 (10.4)에 대입하여 정리하면 다음과 같이 주어진다.

$$\frac{\partial^2 w}{\partial x^2} + \frac{\partial^2 w}{\partial y^2} = 0 \tag{10.16}$$

이 방정식의 해 w를 구하기 위해서는 경계조건을 찾아서 적용해야 한다. 결과적으로 비틀림 문제를 변위기반 방식으로 해석하는 것은 다음에 주어진 변위로 표현된 평형 방정식과 경계조건을 만족하는 해를 찾아내는 것을 의미한다. 비틀림 문제에 대한 경계조건은 이미 식(10.9)에서 주어져 있으나 이를 변위의 항으로 변환시키기 위해서 응력-변위 관계식 (10.2)를 대입하여 정리하면 다음과 같은 경계조건을 얻는다.

$$n_x \left(\frac{\partial w}{\partial x} - \alpha y \right) + n_y \left(\frac{\partial w}{\partial y} + \alpha x \right) = 0 \tag{10.17}$$

연습문제

1. 비틀림 문제를 위한 응력기반 방정식을 유도하기 위한 과정을 상세하게 설명하시오.

2. 비틀림 해석을 위하여 다음과 같이 변위를 가정하였을 때 변형률 성분과 응력 성분을 모두 구하시오.

$$u = -\alpha yz, \quad v = \alpha xz, \quad w = w(x, y)$$

3. 원형 단면을 갖는 축에 대한 비틀림 해석을 위하여 응력함수를 $\Psi(x, y) = c(x^2 + y^2 - a^2)$로 가정하였다. 응력함수가 평형방정식과 적합방정식을 만족하는지 보이시오, 단, c는 임의의 상수이다.

4. 그림 10.7에서와 같은 삼각형의 단면을 갖는 축에 대한 비틀림 해석을 위하여 응력함수를 $\Psi(x, y) = c(x - \sqrt{3}y)(x + \sqrt{3}x)$로 가정하였다. 응력함수가

평형방정식과 적합방정식을 만족하는지 보이시오. 미지계수 c를 구하고 (0,b) 에서의 전단응력을 계산하시오.

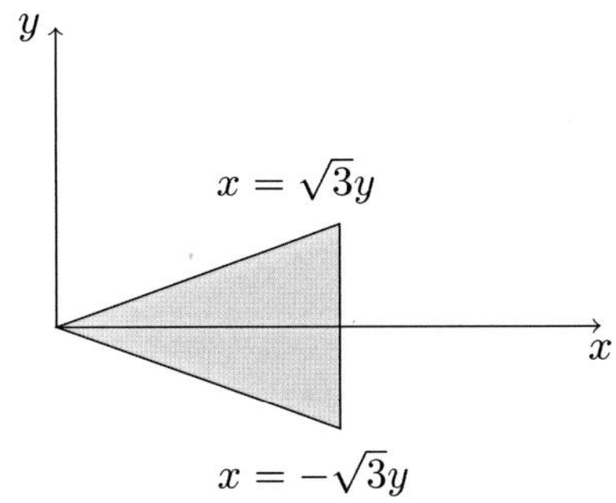

그림 10.7: 삼각형의 단면을 갖는 축

5. 비틀림 문제를 해석하기 위한 변위기반 방정식(10.17)을 유도하시오.

제11장 3차원 탄성방정식

- 변환행렬과 텐서(Transformation matrix and tensor)
- 응력텐서(Stress tensor)
- 구성방정식(Constitutive equations)
- 재료의 대칭성(Material symmetry)
- 탄성방정식(Three-dimensional formulation)

11.1 탄성론과 텐서

다양한 분야의 고등 이론에서 텐서를 적극적으로 사용하는 이유는 텐서가 물리적 특성을 규정하는 방정식의 좌표변환을 염두에 둔 체계적인 수학적 도구이기 때문이다. 앞에서 설명한 탄성론의 모든 내용들은 고급 해석 도구인 텐서를 사용하면 보다 체계적이고 확장성 있게 전개해 나갈 수 있다. 예를 들어, 변형률-변위 관계식을 적을 때에 직교좌표계와 원통 좌표계에서의 표현은 다르게 보이지만 사실은 같은 내용을 설명하고 있는 것이다. 이론을 이해하고 발전시켜 나가는데 있어서 내용을 체계적으로 기술할 수 있다는 것은 큰 장점이며 필수 요건이 된다. 또한, 좌표계와 다른 상황에 따라 달라지는 것이 아니라 그것에 상관없이 일관성을 유지할 수 있다는 것도 빼 놓을 수 없는 장점중의 하나이다.

그러나 실제적으로 텐서는 학습곡선이 매우 가파른 편에 속한다. 따라서 처음 접하는 경우에 있어서는 이해의 정도가 느리게 진행되는 것 같이 보이나 일단 어느 정도의 학습이 끝나면 상당히 깊이 있는 내용의 이론들을 직접 소화하고 전개하며 발전시켜 나갈 수 있는 능력을 가지게 된다. 텐서를 학습할 수 있는 좋은 문헌들이 많이 있으나 저자의 저서 중 [8](텐서해석 개론 - 범한서적), [9](핵심 연속체 역학 - 영출판사), [10](연속체 역학)등을 참고하면 조금이나마 도움이 될 수 있으리라 생각된다. 이번 장에서는 앞에서 학습한 탄성론의 내용들을 텐서를 사용하여 유도하는 내용을 설명하는고자 한다.

11.2 변환행렬과 텐서

어떤 물리적 량이 하나의 좌표계에서 정의되어 표시되었다가 다른 좌표계로 변환된 상태에서 표시할 필요가 있다면 두 개의 좌표계의 관계를 적절하게 반영할 수 있는 변환식이 필요할 것이다. 2.5절에서 정의한 바와 같이 보는 바와 같이 서로 직교하는 3개의 축이 있는 123 좌표계에서 $\widehat{123}$ 좌표계로의 변환을 위해서 필요한 변환 요소 a_{ij}를 다음과 같이 정의할 수 있다.

$$
\begin{aligned}
a_{11} &= \widehat{\mathbf{e}}_1 \cdot \mathbf{e}_1 = \cos\theta \\
a_{12} &= \widehat{\mathbf{e}}_1 \cdot \mathbf{e}_2 = \sin\theta \\
a_{21} &= \widehat{\mathbf{e}}_2 \cdot \mathbf{e}_1 = -\sin\theta \\
a_{22} &= \widehat{\mathbf{e}}_2 \cdot \mathbf{e}_2 = \cos\theta \\
a_{13} &= \widehat{\mathbf{e}}_1 \cdot \mathbf{e}_3 = 0 \\
a_{23} &= \widehat{\mathbf{e}}_2 \cdot \mathbf{e}_3 = 0 \\
a_{33} &= \widehat{\mathbf{e}}_3 \cdot \mathbf{e}_3 = 1
\end{aligned}
$$

여기서 $\mathbf{e}_1$, $\mathbf{e}_2$, $\mathbf{e}_3$는 123 좌표계의 단위벡터이며 $\widehat{\mathbf{e}}_1$, $\widehat{\mathbf{e}}_2$, $\widehat{\mathbf{e}}_3$는 변환된 새로운 좌표계 $\widehat{123}$에서의 단위벡터를 의미한다. 또한 $\cos\theta$는 2장에서 학습한 대로 두 벡터가 이루는 사잇각에 대한 방향 코사인이다. 따라서 a_{ij}는 두 좌표계 사이를 이어주는 변환요소이며 행렬로 표시하면 다음과 같다.

$$
a_{ij} = \begin{bmatrix} a_{11} & a_{12} & a_{13} \\ a_{21} & a_{22} & a_{23} \\ a_{31} & a_{32} & a_{33} \end{bmatrix} = \begin{bmatrix} \cos\theta & \sin\theta & 0 \\ -\sin\theta & \cos\theta & 0 \\ 0 & 0 & 1 \end{bmatrix}
$$

위에서 변환행렬을 표시하는 데 있어서 지수가 2개가 필요하게 되며 이를 텐서로 전환하여 생각하면 2차 텐서라고 말할 수 있다. 엄격한 의미에서 텐서와 행렬은 전혀 다르나, 텐서의 연산에 있어서는 일반 행렬로 취급하는 것이 편리한 경우가 많으므로 혼용해서 다루기도 한다. 텐서는 성분을 지수를 사용하여 표시하는 것이 일반적이다, 예를 들어 a_{ij}는 지수 $i = 1,2,3$ 과 $j = 1,2,3$ 의 내용을 내포하고 있으므로 실제로 가리키는 요소의 수는 $3 \times 3 = 9$개의 요소를 의미한다. 예를 들어, (b_1, b_2, b_3)의 성분을 가지는 벡터 $\mathbf{b}$가 123 좌표계에서 정의되었고 이를 다른 좌표계 $\widehat{1}\widehat{2}\widehat{3}$으로 변환시키는 과정을 행렬로 다음과 같이 나타낼 수 있다.

$$\begin{Bmatrix} \widehat{b}_1 \\ \widehat{b}_2 \\ \widehat{b}_3 \end{Bmatrix} = \begin{bmatrix} a_{11} & a_{12} & a_{13} \\ a_{21} & a_{22} & a_{23} \\ a_{31} & a_{32} & a_{33} \end{bmatrix} \begin{Bmatrix} b_1 \\ b_2 \\ b_3 \end{Bmatrix}$$

여기서 변환텐서 a_{ij} 는 벡터 b_i 와 벡터 $\widehat{b}_i$ 를 이어주는 역할을 하게된다. 그러므로 흔히 초심자들이 벡터와 텐서를 전혀 다른 개념으로 취급하는 경우를 보게 되는데 이로 인해서 개념을 확정하는데 혼란이 오는 경우가 많으므로 주의를 요한다.

중복지수와 독립지수

위의 연산을 지수를 사용하여 나타내면 다음과 같다.

$$\widehat{b}_i = a_{ij} b_j \tag{11.1}$$

윗식의 우변에서 지수 j가 중복되는 것을 볼 수 있는데 이를 중복지수(dummy index)라고 하고 중복되지 않는 지수를 독립지수(free index)라고 한다. 방정식에서 중복지수가 있으면 마치 합의 기호를 적용한 것과 같은 효과를 발생시키며 이를 Einstein의 합법칙(Einstein's summation rule)이라고 한다. 그러므로 식(11.1)은 다음과 같이 생각할 수 있다.

$$\widehat{b}_i = \sum_{j=1}^{3} a_{ij} b_j$$

또는, 모든 지수를 모두 사용하여 다음과 같이 전개된 식으로 나타낼 수 있다.

$$\begin{aligned}\widehat{b}_1 &= a_{11}b_1 + a_{12}b_2 + a_{13}b_3\\ \widehat{b}_2 &= a_{21}b_1 + a_{22}b_2 + a_{23}b_3\\ \widehat{b}_3 &= a_{31}b_1 + a_{32}b_2 + a_{33}b_3\end{aligned}$$

Kronecker delta

텐서연산을 하는데 있어서 가장 많이 사용되는 요소 중의 하나가 Kronecker delta δ_{ij} 이며 다음과 같이 정의된다.

$$\delta_{ij} = \left\{\begin{matrix} 1, & \text{for } i = j \\ 0, & \text{for } i \neq j \end{matrix}\right\}$$

즉, $\delta_{11} = 1$, $\delta_{32} = \delta_{21} = 0$ 등으로 결정된다.

11.3 응력텐서의 정의

앞서 3장에서 설명하였듯이 응력벡터는 한 점에서 작용하는 응력의 상태를 나타내는 물리량이다. 예를 들어, 양(+)의 1 면에서의 응력벡터는 $\mathbf{t}^{(1)}$로 표시할 수 있으며 성분으로 표시하면 다음과 같이 쓸 수 있다.

$$\mathbf{t}^{(1)} = t_1^{(1)}\mathbf{e}_1 + t_2^{(1)}\mathbf{e}_2 + t_3^{(1)}\mathbf{e}_3$$

마찬가지로 2와 3 양(+)의 면에서의 응력벡터도 고려하면 다음과 같이 적을 수 있다.

$$\begin{aligned}\mathbf{t}^{(1)} &= t_1^{(1)}\mathbf{e}_1 + t_2^{(1)}\mathbf{e}_2 + t_3^{(1)}\mathbf{e}_3\\ \mathbf{t}^{(2)} &= t_1^{(2)}\mathbf{e}_1 + t_2^{(2)}\mathbf{e}_2 + t_3^{(2)}\mathbf{e}_3\\ \mathbf{t}^{(3)} &= t_1^{(3)}\mathbf{e}_1 + t_2^{(3)}\mathbf{e}_2 + t_3^{(3)}\mathbf{e}_3\end{aligned}$$

또는

$$\mathbf{t}^{(i)} = t_j^{(i)}\mathbf{e}_j$$

여기서 우변의 성분 항에서 위첨자는 면의 방향을 의미하며 아래첨자는 응력성분의 방향을 가리킨다. 예를 들어 $t_1^{(2)}$의 의미는 2축의 양의 방향을 보고 있는 면에서 1방향으로 작용하는 응력성분을 지칭한다. 위식에서 정의한 9개의 성분을 다음과 같이 응력텐서 σ_{ij}로 정의한다.

$$t_j^{(i)} \equiv \sigma_{ij}$$

따라서 응력벡터 식은 다음과 같이 응력텐서의 성분으로 나타낼 수 있다.

$$\begin{aligned}
\mathbf{t}^{(1)} &= \sigma_{11}\mathbf{e}_1 + \sigma_{12}\mathbf{e}_2 + \sigma_{13}\mathbf{e}_3 \\
\mathbf{t}^{(2)} &= \sigma_{21}\mathbf{e}_1 + \sigma_{22}\mathbf{e}_2 + \sigma_{23}\mathbf{e}_3 \\
\mathbf{t}^{(3)} &= \sigma_{31}\mathbf{e}_1 + \sigma_{32}\mathbf{e}_2 + \sigma_{33}\mathbf{e}_3
\end{aligned}$$

또는

$$\mathbf{t}^{(i)} = \sigma_{ij}\mathbf{e}_j$$

여기서 응력텐서 σ_{ij}는 다음과 같다.

$$[\sigma]_{ij} = \begin{bmatrix} \sigma_{11} & \sigma_{12} & \sigma_{13} \\ \sigma_{21} & \sigma_{22} & \sigma_{23} \\ \sigma_{31} & \sigma_{32} & \sigma_{33} \end{bmatrix} \tag{11.2}$$

면에 법선인 방향과 응력성분의 방향이 일치하는 응력성분 $(\sigma_{11}, \sigma_{22}, \sigma_{33})$를 법선응력(normal stress)라고 하며 면과 평행한 방향과 일치하는 성분 $(\sigma_{12}, \sigma_{13}, \sigma_{21}, \sigma_{23}, \sigma_{31}, \sigma_{32}$ 등을 전단응력(shear stress)라고 한다.

응력텐서와 응력벡터

응력벡터와 응력텐서는 별개의 것으로서 둘 사이의 상관관계를 정의해야 할 필요가 있다. 임의의 한 점에서 작용하는 응력벡터의 성분은 그 점을 지나는 면과 수직한 방향의 단위벡터로 정의된다. 그림 3.3에서는 한 점에서의 각 면을 사면체를 고려하여 작용하는 힘의 성분을 그 위에 표시한 것이다. 경사면에 수직인 단위벡터를 $\mathbf{n}$으로 하고 그 면에서 작용하고 있는 응력벡터를 $\mathbf{t}^{(n)}$라고 정의한다. 사면체의 경사면의 면적을 ΔA라고 하면 1, 2, 3축 방향에 수직인 단위벡터를 가지는 면적은 각각 다음과 같이 주어짐을 알 수 있다.

$$\Delta A_1 = \cos(\mathbf{n}, \mathbf{e}_1)\Delta A = n_1 \Delta A$$
$$\Delta A_2 = \cos(\mathbf{n}, \mathbf{e}_2)\Delta A = n_2 \Delta A$$
$$\Delta A_3 = \cos(\mathbf{n}, \mathbf{e}_3)\Delta A = n_3 \Delta A$$

여기서 $\cos(\mathbf{n}, \mathbf{e}_1)$는 $\mathbf{n}$와 $\mathbf{e}_1$가 이루는 방향 코사인의 값이 되며 둘다 단위 벡터이므로 $\mathbf{n}\cdot\mathbf{e}_1$을 수행하는 것과 동일한 의미를 가지며 $n_1 = \cos(\mathbf{n}, \mathbf{e}_1)$, $n_2 = \cos(\mathbf{n}, \mathbf{e}_2)$, $n_3 = \cos(\mathbf{n}, \mathbf{e}_3)$ 이다. 그러므로 윗식을 지수를 사용하여 표시하면 $\Delta A_i = n_i \Delta A$와 같이 쓸 수 있다. 사면체에 작용하는 모든 힘에 대한 평형식을 세워보면 다음과 같이 표시할 수 있다.

$$\sum \mathbf{F} = \mathbf{t}^{(n)}\Delta A - \mathbf{t}^{(1)}\Delta A_1 - \mathbf{t}^{(2)}\Delta A_2 - \mathbf{t}^{(3)}\Delta A_3 - \frac{1}{3}h\mathbf{b}\Delta A = 0$$

사면체의 크기를 한점으로 줄이고 윗식의 양변을 ΔA로 나누면 $h \to 0$이 되어 결과적으로 다음과 같은 식이 된다.

$$\mathbf{t}^{(n)} = \mathbf{t}^{(1)}n_1 + \mathbf{t}^{(2)}n_2 + \mathbf{t}^{(3)}n_3$$

윗식에서 모든 항을 성분으로 표시하면 다음과 같나.

$$t_1^{(n)} = t_1^{(1)}n_1 + t_1^{(2)}n_2 + t_1^{(3)}n_3 = \sigma_{11}n_1 + \sigma_{21}n_2 + \sigma_{31}n_3$$
$$t_2^{(n)} = t_2^{(1)}n_1 + t_2^{(2)}n_2 + t_2^{(3)}n_3 = \sigma_{21}n_1 + \sigma_{22}n_2 + \sigma_{23}n_3$$
$$t_3^{(n)} = t_3^{(1)}n_1 + t_3^{(2)}n_2 + t_3^{(3)}n_3 = \sigma_{31}n_1 + \sigma_{32}n_2 + \sigma_{33}n_3$$

또는

$$t_i^{(i)} = n_j \sigma_{ji} \qquad \text{or} \qquad \mathbf{t}^{(n)} = \mathbf{n}\cdot\boldsymbol{\sigma}$$

결론적으로 이 식은 임의의 한 점에서의 응력상태는 유일하게 규정될 수 있다는 Cauchy의 정리를 표시한 것이 된다. 즉, 한 점에서의 응력벡터는 응력텐서를 사용하여 표시할 수 있게 된다.

평형방정식

평형방정식은 여기서 따로 유도하지 않고 식(3.30)을 사용해서 다음과 같이 표기해 보기로 한다.

$$
\begin{aligned}
\frac{\partial \sigma_{11}}{\partial x_1} + \frac{\partial \sigma_{21}}{\partial x_2} + \frac{\partial \sigma_{31}}{\partial x_3} + b_1 = 0 \\
\frac{\partial \sigma_{12}}{\partial x_1} + \frac{\partial \sigma_{22}}{\partial x_2} + \frac{\partial \sigma_{32}}{\partial x_3} + b_2 = 0 \\
\frac{\partial \sigma_{13}}{\partial x_1} + \frac{\partial \sigma_{23}}{\partial x_2} + \frac{\partial \sigma_{33}}{\partial x_3} + b_3 = 0
\end{aligned}
$$

또는

$$
\frac{\partial \sigma_{ji}}{\partial x_j} + b_i = 0 \qquad \text{or} \qquad \sigma_{ji,j} + b_i = 0 \tag{11.3}
$$

11.4 변형률-변위 관계식

변형률-변위 관계식(4.6)은 다음과 같이 표기할 수 있다.

$$
\varepsilon_{ij} = \frac{1}{2}\left(\frac{\partial u_i}{\partial x_j} + \frac{\partial u_j}{\partial x_i}\right) \qquad \text{or} \qquad \varepsilon_{ij} = \frac{1}{2}\left(u_{i,j} + u_{j,i}\right) \tag{11.4}
$$

여기서 유의해야 할 점은 공학 변형률(engineering strain)과 텐서 변형률(tensor strain)의 다른 점이다. 즉, 공학 변형률에서는 전단변형률은 다음과 같이 주어진다.

$$
\gamma_{12} = \frac{\partial u_1}{\partial x_2} + \frac{\partial u_2}{\partial x_1}
$$

반면에 텐서 변형률 ε_{ij}는 다음과 같이 정의되므로 주의를 요한다.

$$
\varepsilon_{12} = \frac{1}{2}\left(\frac{\partial u_1}{\partial x_2} + \frac{\partial u_2}{\partial x_1}\right)
$$

11.5 응력-변형률 관계식

일반적인 선형 탄성재료에 대한 응력-변형률 관계식(Hooke 법칙)은 다음과 같이 주어진다.

$$
\sigma_{ij} = C_{ijkl}\varepsilon_{kl} \tag{11.5}
$$

여기서 탄성계수 C_{ijkl}는 4차텐서의 형태로 주어지며 $3 \times 3 \times 3 \times 3 = 81$개의 성분으로 이루어진다. 그러나 실제로 사용되는 수는 대칭성 등의 조건으로 인해서 상당히 줄어든다. 한편, 3.5절에서 설명한 응력의 대칭성에 의해서 $\sigma_{ij} = \sigma_{ji}$임을 알고 있으므로

$$\sigma_{ij} = \sigma_{ji} \quad \Rightarrow \quad C_{ijkl} = C_{jikl}$$

위의 조건으로 인하여 탄성계수 성분은 $6 \times 3 \times 3 = 54$ 개로 줄어든다. 또한 4.2절에서 살펴본 변형률의 대칭성을 적용하면 다음과 같다.

$$\varepsilon_{kl} = \varepsilon_{lk} \quad \Rightarrow \quad C_{ijkl} = C_{ijlk}$$

따라서 탄성계수의 개수는 이제 $6 \times 6 = 36$으로 된다.

선형 탄성재료의 변형률 에너지 밀도(strain energy density) Ψ는 그림 5.1에서의 응력-변형률의 관계를 참조하여 다음과 같이 정의할 수 있다.

$$\Psi = \frac{1}{2}\sigma_{ij}\varepsilon_{ij} \tag{11.6}$$

변형률 에너지는 열역학 법칙에 기반하여 결정되며 에너지는 좌표변환에 무관하므로 불변량으로 취급되며 식(11.6)은 식(11.5)로부터 변형률만의 함수로 다음과 같이 쓸 수 있다.

$$\Psi = \frac{1}{2}C_{ijkl}\varepsilon_{ij}\varepsilon_{kl} \tag{11.7}$$

또한, 응력은 다음과 같이 정의된다.

$$\sigma_{ij} = \frac{\partial \Psi}{\partial \varepsilon_{ij}} = C_{ijkl}\varepsilon_{kl} \tag{11.8}$$

한편, 변형률 에너지 밀도에 대한 대칭성을 유도하기 위하여 다음과 같은 연산을 먼저 수행한다.

$$\frac{\partial \varepsilon_{ij}}{\partial \varepsilon_{kl}} = \delta_{ik}\delta_{jl}$$

윗식의 좌변에서는 지수 ij와 kl에 대해서 대칭이 되나 우변에서는 지수 ik와 jl에 대해서만 대칭이 되므로 다음과 같이 수정한다.

$$\frac{\partial \varepsilon_{ij}}{\partial \varepsilon_{kl}} = \frac{1}{2}\left(\delta_{ik}\delta_{jl} + \delta_{il}\delta_{jk}\right) \tag{11.9}$$

식(11.8)에 대하여 식(11.9)를 참조하여 다음과 같은 미분연산을 수행한다.

$$\begin{aligned}\frac{\partial \sigma_{ij}}{\partial \varepsilon_{mn}} = \frac{\partial^2 \Psi}{\partial \varepsilon_{mn}\partial \varepsilon_{ij}} &= \frac{\partial}{\partial \varepsilon_{mn}}\left(C_{ijkl}\varepsilon_{kl}\right)\\ &= \frac{1}{2}C_{ijkl}\left(\delta_{km}\delta_{ln} + \delta_{kn}\delta_{lm}\right)\\ &= \frac{1}{2}\left(C_{ijmn} + C_{ijnm}\right)\\ &= C_{ijmn}\end{aligned}$$

여기서 마지막 식은 $C_{ijmn} = C_{ijnm}$ 을 이용하였다. 한편, 다음과 같은 관계가 성립된다고 하면 탄성계수 성분에서 ij와 kl의 대칭관계를 얻을 수 있다.

$$C_{ijkl} = \frac{\partial^2 \Psi}{\partial \varepsilon_{kl}\partial \varepsilon_{ij}} = \frac{\partial^2 \Psi}{\partial \varepsilon_{ij}\partial \varepsilon_{kl}} = C_{klij}$$

따라서 전체 탄성계수 성분의 수는 이제 $6+5+4+3+2+1 = 21$ 로 되며 이를 삼사정계(triclinic)라고 하며 대칭평면이 존재하지 않는다. 표기상의 간편함을 위해서 응력-변형률 관계식을 을 사용해서 적어보면 다음과 같다.

$$\begin{Bmatrix}\sigma_1\\ \sigma_2\\ \sigma_3\\ \sigma_4\\ \sigma_5\\ \sigma_6\end{Bmatrix} = \begin{bmatrix} C_{11} & C_{12} & C_{13} & C_{14} & C_{15} & C_{16}\\ & C_{22} & C_{23} & C_{24} & C_{25} & C_{26}\\ & & C_{33} & C_{34} & C_{35} & C_{36}\\ & & & C_{44} & C_{45} & C_{46}\\ & & \text{symm} & & C_{55} & C_{56}\\ & & & & & C_{66}\end{bmatrix}\begin{Bmatrix}\varepsilon_1\\ \varepsilon_2\\ \varepsilon_3\\ \varepsilon_4\\ \varepsilon_5\\ \varepsilon_6\end{Bmatrix} \tag{11.10}$$

여기서 $(\bullet)_{11} = (\bullet)_1$, $(\bullet)_{22} = (\bullet)_2$, $(\bullet)_{33} = (\bullet)_3$, $(\bullet)_{23} = (\bullet)_4$, $(\bullet)_{13} = (\bullet)_5$, $(\bullet)_{12} = (\bullet)_6$ 이며 전단응력 성분은 $\varepsilon_4 = \varepsilon_{23} + \varepsilon_{32}$, $\varepsilon_5 = \varepsilon_{13} + \varepsilon_{31}$, $\varepsilon_6 = \varepsilon_{12} + \varepsilon_{21}$. 또한 같은 방식으로 탄성계수도 $C_{45} \equiv C_{2313}$이 된다. 그러므로 응력-변형률 관계식을 Voigt 표기로 다음과 같이 쓸 수 있다.

$$\sigma_I = C_{IJ}\varepsilon_J, \qquad (I, J = 1, \ldots, 6) \tag{11.11}$$

재료의 대칭성

실제의 재료를 구성하는 결정(crystal)은 다수의 대칭성을 포함하고 있다. 대칭성을 만족시키기 위해서는 변형 전과 변형 후의 응력-변형률 관계식이 동일해야 한다. 즉, 다음과 같은 조건을 만족해야 한다.

$$\sigma_I = \widehat{\sigma}_I \qquad \text{or} \qquad C_{IJ}\varepsilon_J = \widehat{C}_{IJ}\widehat{\varepsilon}_J \tag{11.12}$$

여기서 $I, J = 1, 2, \ldots, 6$ 이다.

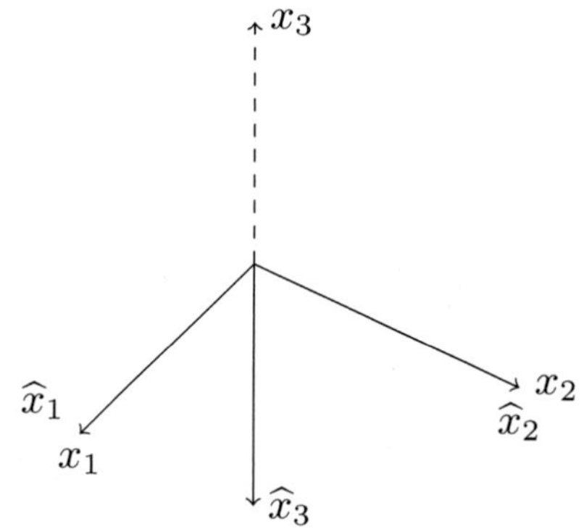

그림 11.1: 단사정계 재료와 재료의 대칭

단사정계 재료

임의의 한 면에 대한 대칭을 가지는 경우를 단사정계(monclinic)라고 한다. 3차원 공간에서의 직교 좌표계 $x_1x_2x_3$에서 x_1-x_2 평면에 대한 대칭을 고려하면 그림 2.7 에서 보는 것과 같은 변형이 수행되며 이 때 다음과 같은 변환행렬이 적용된다. 즉, x_3 을 $-x_3$로 대치하여도 성질이 변하지 않음을 의미한다.

$$\begin{Bmatrix} \widehat{x}_1 \\ \widehat{x}_2 \\ \widehat{x}_3 \end{Bmatrix} = \begin{bmatrix} 1 & 0 & 0 \\ 0 & 1 & 0 \\ 0 & 0 & -1 \end{bmatrix} \begin{Bmatrix} x_1 \\ x_2 \\ x_3 \end{Bmatrix}$$

식(11.10)에 대칭조건을 적용하면 $\widehat{\sigma}_4 = -\sigma_4$, $\widehat{\sigma}_5 = -\sigma_5$, $\widehat{\varepsilon}_4 = -\varepsilon_4$, $\widehat{\varepsilon}_5 = -\varepsilon_5$ 가 되므로 다음과 같은 관계가 성립되어야 한다.

$$\begin{Bmatrix} \sigma_1 \\ \sigma_2 \\ \sigma_3 \\ -\sigma_4 \\ -\sigma_5 \\ \sigma_6 \end{Bmatrix} = \begin{bmatrix} C_{11} & C_{12} & C_{13} & C_{14} & C_{15} & C_{16} \\ & C_{22} & C_{23} & C_{24} & C_{25} & C_{26} \\ & & C_{33} & C_{34} & C_{35} & C_{36} \\ & & & C_{44} & C_{45} & C_{46} \\ & & \text{symm} & & C_{55} & C_{56} \\ & & & & & C_{66} \end{bmatrix} \begin{Bmatrix} \varepsilon_1 \\ \varepsilon_2 \\ \varepsilon_3 \\ -\varepsilon_4 \\ -\varepsilon_5 \\ \varepsilon_6 \end{Bmatrix}$$

따라서 단사정계 대칭성이 성립되기 위해서는 결과적으로 다음과 같이 되어 탄성계수는 13개의 성분을 갖게된다.

$$\begin{Bmatrix} \sigma_1 \\ \sigma_2 \\ \sigma_3 \\ \sigma_4 \\ \sigma_5 \\ \sigma_6 \end{Bmatrix} = \begin{bmatrix} C_{11} & C_{12} & C_{13} & 0 & 0 & C_{16} \\ C_{12} & C_{22} & C_{23} & 0 & 0 & C_{26} \\ C_{13} & C_{23} & C_{33} & 0 & 0 & C_{36} \\ 0 & 0 & 0 & C_{44} & C_{45} & 0 \\ 0 & 0 & 0 & C_{45} & C_{55} & 0 \\ C_{16} & C_{26} & C_{36} & 0 & 0 & C_{66} \end{bmatrix} \begin{Bmatrix} \varepsilon_1 \\ \varepsilon_2 \\ \varepsilon_3 \\ \varepsilon_4 \\ \varepsilon_5 \\ \varepsilon_6 \end{Bmatrix} \tag{11.13}$$

위의 결과는 식(11.12)를 수행하여 확인할 수 있으며, 예를 들어, $\sigma_1 = \widehat{\sigma}_1$ 이 성립되어야 하므로

$$\begin{aligned} & C_{11}\varepsilon_1 + C_{12}\varepsilon_2 + C_{13}\varepsilon_3 + C_{14}\varepsilon_4 + C_{15}\varepsilon_5 + C_{16}\varepsilon_6 \\ & \qquad = C_{11}\widehat{\varepsilon}_1 + C_{12}\widehat{\varepsilon}_2 + C_{13}\widehat{\varepsilon}_3 + C_{14}\widehat{\varepsilon}_4 + C_{15}\widehat{\varepsilon}_5 + C_{16}\widehat{\varepsilon}_6 \\ & \qquad = C_{11}\varepsilon_1 + C_{12}\varepsilon_2 + C_{13}\varepsilon_3 - C_{14}\varepsilon_4 - C_{15}\varepsilon_5 + C_{16}\varepsilon_6 \end{aligned}$$

위식에서 양변이 동일하기 위해서는 $C_{14} = C_{15} = 0$ 이 되어야 함을 알 수 있으며 같은 방식으로 연산을 수행하면 최종적으로 원하는 결과를 얻을 수 있다.

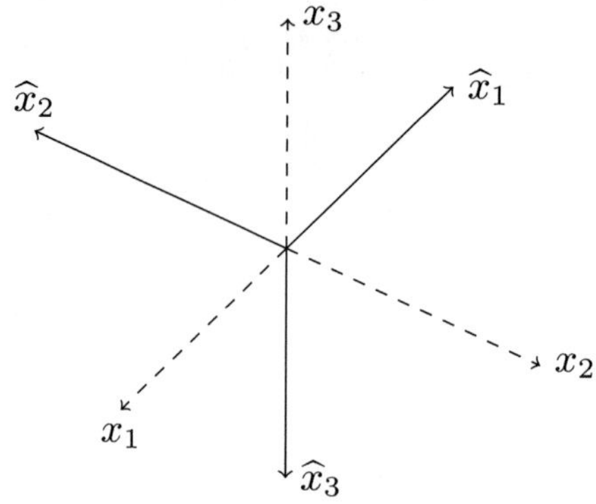

그림 11.2: 직교등방성의 대칭

직교등방성 재료

결정내에 3개의 대칭면이 존재하는 경우를 직교등방성(orhtotropic)이라고 한다. 단사정계에서 이미 하나의 대칭면에 대한 고려를 하였으므로 나머지 2개의 대칭면이 각각 x_1-x_3와 x_2-x_3의 경우를 적용하기로 한다. 직교등방성에 해당되는 변환과정은 다음과 같다.

$$\begin{Bmatrix} \widehat{x}_1 \\ \widehat{x}_2 \\ \widehat{x}_3 \end{Bmatrix} = \begin{bmatrix} 1 & 0 & 0 \\ 0 & 1 & 0 \\ 0 & 0 & -1 \end{bmatrix} \begin{Bmatrix} x_1 \\ x_2 \\ x_3 \end{Bmatrix}$$

$$\begin{Bmatrix} \widehat{x}_1 \\ \widehat{x}_2 \\ \widehat{x}_3 \end{Bmatrix} = \begin{bmatrix} 1 & 0 & 0 \\ 0 & -1 & 0 \\ 0 & 0 & 1 \end{bmatrix} \begin{Bmatrix} x_1 \\ x_2 \\ x_3 \end{Bmatrix}$$

$$\begin{Bmatrix} \widehat{x}_1 \\ \widehat{x}_2 \\ \widehat{x}_3 \end{Bmatrix} = \begin{bmatrix} -1 & 0 & 0 \\ 0 & 1 & 0 \\ 0 & 0 & 1 \end{bmatrix} \begin{Bmatrix} x_1 \\ x_2 \\ x_3 \end{Bmatrix}$$

그림 11.2는 위의 변환결과를 좌표축으로 표시한 그림이다. 해당하는 응력 및 변형률 성분은 대칭면이 x_1-x_3 일때는 $\widehat{\sigma}_4 = -\sigma_4$, $\widehat{\sigma}_6 = -\sigma_6$, $\widehat{\varepsilon}_4 = -\varepsilon_4$, $\widehat{\varepsilon}_6 = -\varepsilon_6$

이며 대칭면이 x_2-x_3 일 때는 $\hat{\sigma}_5 = -\sigma_5$, $\hat{\sigma}_6 = -\sigma_6$, $\hat{\varepsilon}_5 = -\varepsilon_5$, $\hat{\varepsilon}_6 = -\varepsilon_6$ 이므로 결과적으로 관계식은 다음과 같이 결정되며 이때의 탄성계수 성분은 9개가 된다.

$$\begin{Bmatrix} \sigma_1 \\ \sigma_2 \\ \sigma_3 \\ \sigma_4 \\ \sigma_5 \\ \sigma_6 \end{Bmatrix} = \begin{bmatrix} C_{11} & C_{12} & C_{13} & 0 & 0 & 0 \\ C_{12} & C_{22} & C_{23} & 0 & 0 & 0 \\ C_{13} & C_{23} & C_{33} & 0 & 0 & 0 \\ 0 & 0 & 0 & C_{44} & 0 & 0 \\ 0 & 0 & 0 & 0 & C_{55} & 0 \\ 0 & 0 & 0 & 0 & 0 & C_{66} \end{bmatrix} \begin{Bmatrix} \varepsilon_1 \\ \varepsilon_2 \\ \varepsilon_3 \\ \varepsilon_4 \\ \varepsilon_5 \\ \varepsilon_6 \end{Bmatrix} \tag{11.14}$$

등방성 재료

이번에는 위에서 살펴본 직교등방성 재료에 추가하여 좌표축을 중심으로 한 회전에 대칭인 조건을 만족하는 경우를 살펴보고자 한다. 다음의 변환은 x_1축을 중심으로 시계반대 방향으로 90도 만큼 회전한 경우를 의미한다.

$$\begin{Bmatrix} \hat{x}_1 \\ \hat{x}_2 \\ \hat{x}_3 \end{Bmatrix} = \begin{bmatrix} 1 & 0 & 0 \\ 0 & 0 & 1 \\ 0 & -1 & 0 \end{bmatrix} \begin{Bmatrix} x_1 \\ x_2 \\ x_3 \end{Bmatrix}$$

이 변환을 적용하면 $C_{12} = C_{13}$, $C_{22} = C_{33}$, $C_{55} = C_{66}$ 의 관계를 얻을 수 있다. 여기서 또 하나의 회전 변환을 수행하며 이번에는 x_2축을 중심으로 시계반대 방향으로 90도 만큼 회전시킨 것이다.

$$\begin{Bmatrix} \hat{x}_1 \\ \hat{x}_2 \\ \hat{x}_3 \end{Bmatrix} = \begin{bmatrix} 0 & 0 & -1 \\ 0 & 1 & 0 \\ 1 & 0 & 0 \end{bmatrix} \begin{Bmatrix} x_1 \\ x_2 \\ x_3 \end{Bmatrix}$$

이 변환의 결과로는 $C_{11} = C_{33}$, $C_{12} = C_{23}$, $C_{44} = C_{66}$ 를 얻으며 두 변환의 결과를 정리하면 다음과 같으며 이를 (isotropic material)라고 한다.

$$\begin{Bmatrix} \sigma_1 \\ \sigma_2 \\ \sigma_3 \\ \sigma_4 \\ \sigma_5 \\ \sigma_6 \end{Bmatrix} = \begin{bmatrix} C_{11} & C_{12} & C_{12} & 0 & 0 & 0 \\ C_{12} & C_{11} & C_{12} & 0 & 0 & 0 \\ C_{12} & C_{12} & C_{11} & 0 & 0 & 0 \\ 0 & 0 & 0 & C_{44} & 0 & 0 \\ 0 & 0 & 0 & 0 & C_{44} & 0 \\ 0 & 0 & 0 & 0 & 0 & C_{44} \end{bmatrix} \begin{Bmatrix} \varepsilon_1 \\ \varepsilon_2 \\ \varepsilon_3 \\ \varepsilon_4 \\ \varepsilon_5 \\ \varepsilon_6 \end{Bmatrix} \tag{11.15}$$

가장 많이 사용되는 재료의 결정은 3중 대칭을 이루는 경우가 많다. 이러한 성질을 규정하기 위해서 3개의 탄성계수 성분이 필요하게 되는데 위식에서 C_{11}, C_{12} 그리고 C_{44}로 나타내었다. 또한 등방성을 나타내는 재료는 다음과 같은 관계를 만족한다고 알려져 있다.

$$C_{11} = C_{12} + 2C_{44}$$

위의 관계식은 Lamé의 상수를 도입하여 다음과 같이 표시한다.

$$C_{12} = \lambda, \quad C_{44} = \mu, \quad C_{11} = \lambda + 2\mu$$

식(11.15)에 대입하고 정리하면 등방성 재료에 대한 결과를 다음과 같이 얻게 된다.

$$[C]_{ij} = \begin{bmatrix} \lambda+2\mu & \lambda & \lambda & 0 & 0 & 0 \\ \lambda & \lambda+2\mu & \lambda & 0 & 0 & 0 \\ \lambda & \lambda & \lambda+2\mu & 0 & 0 & 0 \\ 0 & 0 & 0 & \mu & 0 & 0 \\ 0 & 0 & 0 & 0 & \mu & 0 \\ 0 & 0 & 0 & 0 & 0 & \mu \end{bmatrix} \tag{11.16}$$

한편, 탄성계수를 지수 표기로 나타내면 다음과 같다.

$$C_{ijkl} = \lambda\delta_{ij}\delta_{kl} + \mu(\delta_{ik}\delta_{jl} + \delta_{il}\delta_{jk}) \tag{11.17}$$

식(11.17)을 식(11.5)에 대입하여 정리하면 등방성 재료에 대한 응력-변형률 관계식은 다음과 같이 주어진다.

$$\begin{aligned}\sigma_{ij} &= C_{ijkl}\varepsilon_{kl}\\ &= \left[\lambda\delta_{ij}\delta_{kl} + \mu(\delta_{ik}\delta_{jl} + \delta_{il}\delta_{jk})\right]\varepsilon_{kl}\\ &= \lambda\delta_{ij}\delta_{kl}\varepsilon_{kl} + \mu\delta_{ik}\delta_{jl}\varepsilon_{kl} + \mu\delta_{il}\delta_{jk}\varepsilon_{kl}\\ &= \lambda\varepsilon_{kk}\delta_{ij} + 2\mu\varepsilon_{ij}\end{aligned} \tag{11.18}$$

여기서 우변에서의 텐서 연산은 $\delta_{ij}\delta_{kl}\varepsilon_{kl} = \delta_{ij}\varepsilon_{kk}$, $\mu\delta_{ik}\delta_{jl}\varepsilon_{kl} = \mu\varepsilon_{ij}$, $\mu\delta_{il}\delta_{jk}\varepsilon_{kl} = \mu\varepsilon_{ij}$을 이용하였다.

11.6 체적계수

문제에 따라서는 앞에서 유도한 응력-변형률 관계식 외에 다른 형태의 방정식이 더 편리할 때가 있다. 식(11.18)에서 지수 j를 i로 변경하면 다음과 같다.

$$\begin{aligned}\sigma_{ii} &= \lambda\varepsilon_{kk}\delta_{ii} + 2\mu\varepsilon_{ii}\\ &= (3\lambda + 2\mu)\varepsilon_{ii}\end{aligned} \tag{11.19}$$

여기서 $\delta_{ii} = \delta_{11} + \delta_{22} + \delta_{33} = 1 + 1 + 1 = 3$. 한편, 평균응력(mean stress) σ_m 를 다음과 같이 정의한다.

$$\sigma_m \equiv \frac{\sigma_{11} + \sigma_{22} + \sigma_{33}}{3} = \frac{\sigma_{kk}}{3} \tag{11.20}$$

또한, 팽창(dilatation) $\Theta = \varepsilon_{11} + \varepsilon_{22} + \varepsilon_{33} = \varepsilon_{ii}$ 이며, 식(11.19)로 부터 식(11.19)는 다음과 같이 된다.

$$\sigma_m = \left(\lambda + \frac{2}{3}\mu\right)\Theta = K\Theta$$

따라서 K는 응력-변형률을 관계 짓는 일종의 탄성계수로 볼 수 있으며 (bulk modulus)로 부른다.

$$K = \lambda + \frac{2}{3}\mu$$

즉, 체적의 변화는 오직 평균응력에 의존한다는 것을 말해주고 있다.

일탈응력과 변형률

일탈응력(deviatoric stress)은 다음과 같이 정의된다.

$$\sigma'_{ij} \equiv \sigma_{ij} - \frac{1}{3}\sigma_{kk}\delta_{ij} \tag{11.21}$$

한편, 일탈 변형률(deviatoric strain)은 다음과 같다.

$$\varepsilon'_{ij} \equiv \varepsilon_{ij} - \frac{1}{3}\varepsilon_{kk}\delta_{ij}$$

응력의 성분에 대한 해설

응력은 2개의 성분, 즉, 평균응력과 일탈응력의 합으로 표현 될 수 있다. 응력을 받는 물체는 체적과 모양을 변화시키는데 이때 체적을 변화시키는 응력성분을 구형응력이라고 하며, 체적의 변화 없이 물체를 뒤틀어 모양을 변하게 하는 성분을 일탈응력이라고 하며 식(11.20)과 식(11.21)로부터 다음과 같이 나타낼 수 있다.

$$\sigma'_{ij} = \sigma_{ij} - \sigma_m\delta_{ij}$$

일탈응력에서의 주응력도 앞에서 학습한 일반적인 주응력을 구하는 방식과 유사한 방법을 적용하면 다음과 같은 일탈응력에 관한 특성 방정식을 얻게 된다.

$$\sigma'^3 - J_1\sigma'^2 - J_2\sigma' - J_3 = 0$$

여기서 J_1, J_2, J_3는 각각 첫 번째, 두 번째 그리고 세 번째 일탈응력에 대한 불변량이며 다음과 같이 계산할 수 있다.

$$J_1 = \sigma'_{kk} = 0$$
$$J_2 = \frac{1}{2}\sigma'_{ij}\sigma'_{ij} = \frac{1}{3}I_1^2 - I_2$$
$$J_3 = \det \sigma'_{ij}$$

여기서 I_1, I_2, I_3는 각각 응력 σ_{ij}에 대한 불변량이다.

11.7 탄성방정식의 유도

3차원 탄성문제를 해석하기 위한 방정식은 평형방정식, 변형률-변위 관계식, 그리고 응력-변형률 관계식으로 구성된다. 실제적으로 문제를 풀기 위해서는 응력이나 변위의 한 가지 변수로 통일시키는 것이 편리하므로 탄성 방정식은 변위기반 방정식과 응력기반 방정식의 두 가지의 형태로 나뉠 수 있다. 두 종류의 방정식을 유도하기 위한 기본 방정식은 다음과 같다.

$\sigma_{ij,i} + b_j = 0$	평형방정식	(11.3)
$\varepsilon_{ij} = \frac{1}{2}(u_{i,j} + u_{j,i})$	변형률-변위 관계식	(11.4)
$\sigma_{ij} = \lambda\delta_{ij}\varepsilon_{kk} + 2\mu\varepsilon_{ij}$	응력-변형률 관계식	(11.18)

변위기반 방정식

변위기반 방정식을 유도하기 위해서 먼저 변형률-변위 관계식 (11.4)를 응력-변형률 관계식 (11.18)에 대입하면 다음과 같은 결과를 얻는다.

$$\sigma_{ij} = \lambda\delta_{ij}u_{k,k} + \mu(u_{i,j} + u_{j,i})$$

윗식의 결과를 x_i로 미분하면

$$\sigma_{ij,i} = \mu u_{j,ii} + (\lambda + \mu)u_{j,ii}$$

위의 결과를 평형방정식 (11.3)에 대입하여 정리하면 다음과 같은 변위기반 방정식을 얻게되며 이를 Navier 방정식이라고 한다.

$$\mu u_{j,ii} + (\lambda + \mu) u_{i,ji} + b_j = 0 \tag{11.22}$$

또는

$$\mu \nabla^2 \mathbf{u} + (\lambda + \mu) \mathrm{grad}(\mathrm{div}\, \mathbf{u}) + b_i = 0$$

이 방정식을 사용하여 탄성문제를 해석하기 위해서는 기본적으로 변위 경계조건이 주어져야 한다. 즉, 물체의 한 부분의 표면이나 전체 표면에서 $u_i = \overline{u}_i$와 같은 조건이 필요하며 여기서 $\overline{u}_i$는 경계조건으로 주어진 ,변위이다.

응력기반 방정식

응력기반 방정식은 다음에 주어진 적합방정식을 시작으로 해서 유도할 수 있다.

$$\varepsilon_{ik,jj} - \varepsilon_{jk,ij} + \varepsilon_{jj,ik} - \varepsilon_{ij,jk} = 0 \tag{11.23}$$

즉, 적합방정식과 변형률-응력 방정식을 연결하여 변형률에 대한 항을 제거하고 응력만의 항으로 구성된 식을 얻게 된다. 이를 평형방정식과 연결하면 응력기반 방정식이 다음과 같이 주어지며 Beltrami-Michcll 방정식이라 한다.

$$\sigma_{ij,kk} + \frac{1}{1+\nu}\sigma_{kk,ij} + \frac{\nu}{1-\nu}\delta_{ij} b_{k,k} + b_{i,j} + b_{j,i} = 0 \tag{11.24}$$

이 방정식을 해석하기 위해서는 물체의 한 부분의 표면이나 전체 표면에서 응력 경계조건 $t_i = n_j \sigma_{ji}$가 주어져야 한다.

11.8 열탄성 방정식

재료내의 온도변화로 인한 열 변형률 ε_{ij}^T 은 다음과 같이 주어진다.

$$\varepsilon_{ij}^T = \alpha \Delta T \delta_{ij}$$

위식에서 볼 수 있듯이 열의 효과는 오직 법선방향의 변형만 생성시키고 전단변형은 만들어내지 않는다. 전체 변형률 ε_{ij}은 기계적 변형률 ε_{ij}^e과 열 변형률 ε_{ij}^T의 합으로 다음과 같이 나타낼 수 있다.

$$\varepsilon_{ij} = \varepsilon_{ij}^{e} + \varepsilon_{ij}^{T} \tag{11.25}$$

한편, 열탄성 응력-변형률 관계식은 다음과 같이 주어진다.

$$\begin{aligned} \sigma_{ij} &= C_{ijkl}\varepsilon_{ij}^{e} \\ &= C_{ijkl}(\varepsilon_{kl} - \varepsilon_{kl}^{T}) \\ &= C_{ijkl}(\varepsilon_{kl} - \alpha\Delta T\delta_{kl}) \\ &= C_{ijkl}\varepsilon_{kl} - C_{ijkl}\alpha\Delta T\delta_{kl} \end{aligned} \tag{11.26}$$

식(11.17)을 식(11.26)에 대입하여 정리하면 우변의 첫 번째 항은 다음과 같다.

$$C_{ijkl}\varepsilon_{kl} = \lambda\varepsilon_{kk}\delta_{ij} + 2\mu\varepsilon_{ij} \tag{11.27}$$

식(11.26)의 우변의 두번째 항에도 마찬가지로 (11.17)을 대입하면 다음과 같다.

$$\begin{aligned} C_{ijkl}\alpha\Delta T\delta_{ij} &= \left[\lambda\delta_{ij}\delta_{kl} + \mu(\delta_{ik}\delta_{jl} + \delta_{il}\delta_{jk})\right]\alpha\Delta T\delta_{kl} \\ &= \alpha\Delta T\left[\lambda\delta_{ij}\delta_{kk} + \mu(\delta_{ij} + \delta_{ij})\right] \\ &= \alpha\Delta T(3\lambda\delta_{ij} + 2\mu\delta_{ij}) \end{aligned} \tag{11.28}$$

따라서 식(11.27)과 식(11.28)을 식(11.26)에 대입하여 정리하면 열탄성 응력-변형률 관계식은 다음과 같이 주어진다.

$$\sigma_{ij} = \lambda\delta_{ij}\varepsilon_{kk} + 2\mu\varepsilon_{ij} - (3\lambda + 2\mu)\alpha\delta_{ij}\Delta T \tag{11.29}$$

연습문제

1. 응력-변형률 관계식 (11.18)을 사용하여 변형률-응력 관계식이 다음과 같음을 보이시오.

$$\varepsilon_{ij} = -\frac{\lambda}{2\mu(3\lambda + 2\mu)}\delta_{ij}\sigma_{kk} + \frac{1}{2\mu}\sigma_{ij}$$

2. 다음에 주어진 변형률-응력 관계식을 직교 좌표계(x,y,z)로 전개하여 표시하

시오.

$$\varepsilon_{ij} = -\frac{\lambda}{2\mu(3\lambda+2\mu)}\delta_{ij}\sigma_{kk} + \frac{1}{2\mu}\sigma_{ij}$$

3. 변형률-응력 관계식이 다음과 같이 주어졌을 때 응력-변형률 관계식을 유도하시오.

$$\varepsilon_{ij} = \frac{1+\nu}{E}\sigma_{ij} - \frac{\nu}{E}\delta_{ij}\sigma_{kk}$$

4. Voigt 표기법과 텐서 표기법의 차이점을 설명하시오.

5. 단사정계 재료(monoclinic material)에 대한 탄성계수 식(11.13)을 유도하시오.

6. 직교등방성 재료(orthotropic material)에 대한 탄성계수 식(11.14)를 유도하시오.

7. 등방성 재료(isotropic material)에 대한 탄성계수 식(11.15)를 유도하시오.

8. 등방성 재료에 $\sigma_{11} = -p$, $\sigma_{11} = -p$, $\sigma_{11} = -p$의 정수압이 작용하고 있을 때 팽창(dilatation)이 다음과 같이 주어짐을 보이시오.

$$e = -\frac{p}{K}$$

9. 열탄성 응력-변형률 관계식 (11.29)를 변형률-응력 관계식으로 바꾸어 쓰시오.

10. 열탄성 응력-변형률 관계식 (11.29)와 변형률-변위 관계식 (11.4)를 평형방정식 (11.3)에 적용하여 열탄성 변위기반 방정식을 유도하시오.

참고 문헌

[1] P.C. Chou and N.J. Pagano. Elasticity: Tensor, Dyadic, and Engineering Approaches. Dover Civil and Mechanical Engineering. Dover Publications, 2013.

[2] C.T. Herakovich. Mechanics of Fibrous Composites. Wiley, 1997.

[3] S.P. Timoshenko. Theory of elasticity. McGraw-Hill, 2001.

[4] R.G. Budynas. Advanced Strength and Applied Stress Analysis. Engineering mechanics series. WCB/McGraw-Hill, 1999.

[5] W.S. Slaughter. The Linearized Theory of Elasticity. Birkhauser Boston, 2012.

[6] G. Mase. Schaum's Outline of Continuum Mechanics. Schaum's outline of theory and problems. McGraw-Hill Education, 1970.

[7] A.K. Mal and S.J. Singh. Deformation of Elastic Solids. Prentice Hall, 1991.

[8] 최덕기. 텐서해석개론. 범한서적.

[9] 최덕기. 연속체역학. 영 출판사.

[10] 최덕기. 공학도를 위한 텐서방정식의 이해. 범한서적.

찾아보기

■ 저자 약력

최덕기 단국대학교 기계공학과

e-mail: dkchoi@dankook.ac.kr

저서:
- 텐서를 사용한 연속체 역학 입문, 인터비전
- 텐서해석개론, 범한서적
- 공학도를 위한 텐서방정식의 이해, 범한서적
- 핵심연속체역학, 영 출판사
- 연속체역학, 영 출판사
- 재료의 거동과 파손(공저), 진샘출판사

역서:
- 이공학도를 위한 수치해석, 학산미디어
- 재료역학, 영 출판사

탄성론 입문

발 행 일 | 2017년 02월 22일

저자 | 최덕기

발 행 인 | 문정임

발 행 처 | 학산미디어

기 획 | 이덕선

표지 | 강정자

주 소 | 서울특별시 노원구 동일로245가길 41

전 화 | 02-935-0670 / 010-3223-7340

팩 스 | 02-932-0670

이 메 일 | sorgento2000@hanmail.net

등록번호 | 제 25100-2011-000001호

ISBN 979-11-85294-15-5 93550

정가 | 20,000원

이 도서의 국립중앙도서관 출판시도서목록(CIP)은
CIP 홈페이지(http://seoji.nl.go.kr)와
국가자료공동목록시스템(http://www.nl.go.kr/kolisnet)에서
이용하실 수 있습니다. (CIP제어번호: 2017004283)